Robert Höck

Happy Küken

Von dem Vergnügen, glückliche Glucken bei der Kindererziehung erleben zu dürfen.

Das Buch zur „YouTube®“-Serie

Robert Höck

Happy Küken

Von dem Vergnügen, glückliche Glucken bei der Kindererziehung erleben zu dürfen.

LANDLEBEN

Dieses Buch richtet sich ausschließlich an die Hobbyhalter, die Hühnerhaltung im kleinen Stil betreiben wollen. Weniger geeignet ist es für Hühnerhalter des landwirtschaftlichen bzw. kommerziellen Sektors.
Auf dem Bildmaterial sind Hühner zu sehen, die im Freien gefüttert und getränkt werden. In einigen Regionen Mitteleuropas ist das Anbieten von Trinkwasser und Futter für Hühner im Freien aber aktuell aus seuchenhygienischen Gründen gesetzlich nur bedingt erlaubt, im Wesentlichen wegen der Vogelgrippe.

Haftungsausschluss
Der Autor und der Verlag haben den Inhalt dieses Buches mit großer Sorgfalt und nach bestem Wissen und Gewissen zusammengestellt. Für eventuelle Schäden an Mensch und Tier, die als Folge von Handlungen und/oder gefassten Beschlüssen aufgrund der gegebenen Informationen entstehen, kann dennoch keine Haftung übernommen werden.

IMPRESSUM

LANDLEBEN im CADMOS Verlag

unveränderter Nachdruck 2021

Covergestaltung, grafisches Konzept, Layout und Satz: Gerlinde Gröll, www.cadmos.de

Collagen Cover und Umschlagrücken: Shutterstock/ Eric Isselee, cameilia, photomaster

Nicht gekennzeichnete Fotos im Innenteil: Robert Höck

Illustrationen: Shutterstock/tristan tan, Aliaksei_7799, yod67

Lektorat: Ing. Barbara P. Meister MA, FachLektor.at

Druck: www.graspo.com

Deutsche Nationalbibliothek – CIP-Einheitsaufnahme
Die Deutsche Nationalbibliothek verzeichnet diese Publikation in der Deutschen Nationalbibliografie; detaillierte bibliografische Daten sind im Internet über http://dnb.ddb.de abrufbar.

Printed in EU

ISBN: 978-3-8404-3052-7

Inhalt.

Robert Höcks
„Happy Huhn"-
YouTube®-Kanal
finden Sie unter

http://bit.ly/2oMBuFR

Collage: © Shutterstock/GCapture, YouTube®-Screenshot

Vorwort.

Ich selbst vermehre meine Hühner ausschließlich auf natürlichem Weg. Meine Superglucke Klara hat im Sommer 2019 eine Schar Küken der gefährdeten Rasse Proveis-Ultentaler erfolgreich aufgezogen.

Hier sitze ich nun in meinem Happy-Huhn-Büro, habe es mir mit einer Tasse Bergkräutertee gemütlich gemacht und darf die ersten Wörter für mein drittes Buch mit Schwerpunkt Hühnerhaltung in die Tastatur klopfen.

Es ist ein tolles Gefühl, wenn man über ein Thema schreiben darf, dass einem sehr am Herzen liegt. Man könnte vielleicht annehmen, dass mir in puncto Hühnerhaltung langsam „der Schmäh ausgeht", wie man in Österreich sagt.

Glücklicherweise weiß ich aber hundertprozentig, dass mir zu Hühnern sicherlich nie der Schmäh ausgehen wird. Zu facettenreich ist das Thema, als dass ich es jemals beiseiteschieben oder gar langweilig finden könnte. Meine ersten beiden Hühnerbücher „Happy Huhn" und „Happy Hühnergarten" richteten sich in erster Linie an Neulinge in der Hühnerhaltung und gaben insbesondere dem Anfänger viele Informationen, von der Rasseauswahl über die Stalleinrichtung bis hin zur Abklärung gesetzlicher Bestimmungen.

Das Happy-Küken-Buch richtet sich dagegen eindeutig an fortgeschrittene Hühnerhalter. Die Kükenaufzucht ist meiner Meinung nach nichts, mit dem man gleich zu Beginn seiner Laufbahn als Hühnerhalter starten sollte. Sie erfordert in ganz besonderer Weise Gewissenhaftigkeit und

Es ist schön zu beobachten, wie schnell sich gesunde Küken entwickeln: Meine Naturbrutküken von 2019, an ihrem dritten …

Erfahrung im Umgang mit Tieren. Wer Angst davor hat, eine sich sträubende, kreischende Glucke vom Nest hochzuheben, wird schnell überfordert sein. Auch mit kränklichen Küken sollte man umgehen können, ganz zu schweigen davon, dass es schmerzlich sein kann, wenn Küken während des Schlupfes sterben oder wenn man sich später von überzähligen Tieren trennen muss. Das alles gehört zur Zucht bzw. Vermehrung dazu, und eben deshalb sollte man schon eine Weile Hühner gehalten haben, gute und schlechte Erfahrungen gesammelt haben, bevor man sich an dieses Level der Thematik Hühnerhaltung heranwagt. Allerdings muss ich einräumen, dass einem die Hühner die Entscheidung, ob man Küken haben möchte oder nicht, manchmal abnehmen, insbesondere dann, wenn es zu einer ungeplanten Naturbrut kommt.

Wenn man neu mit den Hühnern anfängt, ist man gewiss noch nicht so geübt darin, Hühner im Fortpflanzungsmodus zu identifizieren, und dann ist es gar nicht immer leicht, brutwillige „Gluckenanwärterinnen" davon abzuhalten, Eier auszubrüten.

Vielleicht halten Sie dieses Buch ja auch gerade in der Hand, weil Sie eine vermeintlich abgängige Henne entdeckt haben, mitten im Brutgeschäft, auf einem versteckten Nest sitzend, und sich jetzt im Schnelldurchlauf über das Thema Küken informieren müssen. Sie möchten die angebrüteten Eier, das quasi beginnende Leben nicht zerstören und der Henne daher erlauben, ihr

Schon in meinen früheren Büchern, wie „Happy Hühnergarten", waren die Themen Naturbrut und Küken stets wichtige Schwerpunkte.

... und zehnten Lebenstag fotografiert.

Werk zu Ende zu führen. Selbstverständlich gibt dieses Buch auch eine Hilfestellung für die erfolgreiche Aufzucht von ungeplantem Nachwuchs, und ich werde mein Bestes geben, um alle Texte so zu formulieren, dass sie zur Not auch für „blutige Anfänger" verständlich zu lesen sind. Meine Happy-Huhn-Philosophie soll im Wesentlichen den Hühnern zugutekommen und erst an zweiter Stelle dem Halter.

Manche meiner Lieblingsempfehlungen sind für die Tiere „megatoll", aber für den Halter umständlich und unbequem. In „Happy Küken" wird das nicht anders sein, und es wird Sie bestimmt nicht verwundern, dass ich auch, was das Brutgeschäft anbelangt, sehr versessen darauf bin, alles möglichst artgerecht bzw. tiergerecht zu handhaben. Ein Kunstbrutfan bin ich also selbstredend nicht, denn die Kunstbrut mag vielleicht effektiv sein, aber dem Naturell des Federviehs entspricht sie ganz gewiss nicht. Ungefähr 90 Prozent aller heute weltweit existierenden Hühner wurden künstlich durch eine Maschine ausgebrütet. Ich denke, das sollte uns alarmieren, und es ist eigentlich traurig, dass Brutmaschinen so etwas Selbstverständliches geworden sind, dass kaum noch darüber nachgedacht wird. Es gibt im deutschsprachigen Raum gleich mehrere umfangreiche Ratgeber zum Thema Kunstbrut, aber meines Wissens nach kein einziges gutes Buch, das sich speziell der Naturbrut, also der natürlichen Fortpflanzung des Federviehs, widmet.

Dabei gibt es kaum etwas Schöneres, als Küken mit einer Glucke, quasi dem Inbegriff einer aufopferungsvollen Tiermutter, zu erleben und über viele Wochen hinweg zu begleiten.

Mit „Happy Küken" möchte ich diese Lücke in der Fachliteratur schließen und das Thema Naturbrut mal ungewöhnlich umfangreich ausleuchten und aufbereiten. Sie sollen mithilfe dieses Buches die Möglichkeit dazu haben, eine gelungene Naturbrut im eigenen Garten „durchzuziehen" und die Begeisterung und Lebensfreude spüren dürfen, die heranwachsende Küken bereiten können.

Ich wünsche Ihnen für die Aufzucht
Ihrer eigenen „Happy Küken"
alles erdenklich Gute!

Robert Höck, Februar 2020

Bild oben: Dieser zahme Haushahn der Rasse „Steinpiperl“ hat nur auf den ersten Blick viele Ähnlichkeiten mit einem wilden Bankiva-Hahn zu bieten. Ein Unterschied wären zum Beispiel seine fleischfarbigen Läufe.

Bild unten: Domestizierte Haushühner unterscheiden sich nicht zuletzt, auch im Hinblick auf das Brutverhalten, von ihren wild lebenden „Artgenossen“.

Leben und Fortpflanzungsbiologie wilder Vorfahren des Haushuhns

Siehe Episode 173!

Naturbrut ist aus Sicht der Hühner das Natürlichste, was man sich vorstellen kann. Schon die Vorfahren der Hühnervögel, ja selbst der Urvogel, der Vorfahr aller Vogelarten, betrieb vermutlich bereits Brutpflege und ließ seinem Nachwuchs elterliche Fürsorge zuteilwerden. Bevor es um die Brut in menschlicher Obhut geht, möchte ich Ihnen in diesem ersten Kapitel zunächst ausführlich schildern, wie Wildhühner leben, wie sie überhaupt zu Haustieren wurden und wie Naturbrut in der Wildnis bei Hühnervögeln aussieht. Im Lauf der Haustierwerdung, also dem Übergang vom Wildhuhn zum Haushuhn, hat sich das Fortpflanzungsverhalten der Hühner nämlich überraschend verändert. Ein Vergleich zwischen Wildhuhn und Haushuhn in puncto Fortpflanzungsbiologie, aber auch generell, was die Lebensweisen anbelangt, kann daher sehr aufschlussreich sein und dabei helfen, das Huhn für sich als Vogelart besser zu verstehen. Ich verspreche Ihnen, dass Sie beim Lesen dieses Kapitels den einen oder anderen Aha-Moment erleben werden und vielleicht sogar manchmal schmunzeln müssen, weil Sie nun verstehen, warum Ihre eigenen Hühner sich so verhalten, wie sie es nun mal tun.

Wer sind die wilden Vorfahren des Haushuhns?

Das Haushuhn ist selbstredend ein Mitglied der Ordnung der Hühnervögel und ist somit mit den Truthühnern, Wachteln und Perlhühnern ebenso verwandt wie mit den Pfauen, den Fasanen und den Raufußhühnern. Innerhalb seiner Ordnung gehört das Huhn zur Gattung der Kammhühner, wissenschaftlich *Gallus*, die mehrere Arten beinhaltet und evolutionär den Bambushühnern der Gattung *Bambusicola* sehr nahesteht. Das Haushuhn wird mittlerweile relativ eindeutig als Abkömmling von *Gallus*

Die Familie der Hühnervögel ist außerordentlich artenreich. So unterschiedlich kann die Verwandschaft der Hühner daher aussehen: Wildtruthuhn (1), Auerhahn (2), Geierperlhuhn (3) und Chinesisches Bambushuhn (4).

gallus, dem Roten Kammhuhn, eingestuft. Diese Art wird oft synonym als Bankivahuhn bezeichnet, womit jedoch eine spezielle Unterart gemeint ist. Rote Kammhühner sind in Südostasien stark verbreitet und finden sich in weiten Teilen Chinas und Indiens, Myanmar, Thailand, Laos und Vietnam. Es verwundert kaum, dass sich in einem derart großen Verbreitungsgebiet gleich mehrere geografische Unterarten des Kammhuhns entwickelt haben, die zum Teil in unterschiedlichen Lebensräumen zu finden sind. So leben die westlichsten Populationen

Das Rote Kammhuhn (5), häufig auch als „Bankiva-Huhn" bezeichnet, ist die unbestrittene Wildform unseres domestizierten Haushuhns.

Jüngere Genomuntersuchungen innerhalb der Familie der Hühnervögel haben gezeigt, dass Bambushühner und Kammhühner (6) besonders nahe miteinander verwandt sind.

Weil sie von Mönchen traditionell gefüttert werden, haben einige Populationen des Weißen Ohrfasanes in den Bergen Sichuans ihre natürliche Scheu abgelegt. Sie leben nun freiwillig in Menschennähe.

Fotos © Shutterstock / Wang LiQiang

beispielsweise in Pakistan und Kaschmir und müssen mit kühlerem Klima zurechtkommen. Hier findet sich die besonders kältetolerante Unterart *Gallus gallus murghi*, die nachweislich auch eine der beiden Unterarten ist, von denen unser Haushuhn abstammt. Die andere Unterart, die mit Sicherheit an der Domestikation beteiligt war, ist *Gallus gallus gallus*, die Nominatform, die heute noch wild in China, Vietnam und Thailand vorkommt. Darüber, ob auch andere Wildformen ihre Spuren im Erbgut des Haushuhns hinterlassen haben, wird seit vielen Jahrzehnten diskutiert, und vielleicht gibt es in Zukunft dazu neue Erkenntnisse. Möglich ist es definitiv, denn man geht ohnehin davon aus, dass Wildhühner im Lauf der Geschichte mehrmals, unabhängig voneinander, an verschiedenen Orten zum Haustier wurden.

Wie die Haustierwerdung vermutlich vonstatten ging

Man weiß, dass sich Wildhühner, wenn man sie regelmäßig füttert, dazu bringen lassen, in der Nähe von menschlichen Siedlungen zu bleiben. Ganz ohne Stall und Zaun, scheint allein der Vorteil der regelmäßigen Futtergabe bedeutend genug zu sein, um sie von einem „sesshaften" Leben zu überzeugen. Sie brüten dann auch ihre Küken in Menschennähe aus und bringen diese später auch zu den Futterstellen mit. Die ersten Haushühner schlossen sich also womöglich freiwillig dem *Homo sapiens* an und lebten mehr oder weniger in einer Art Symbiose mit uns Menschen. Die Hühner hatten durch die Fütterung eine gesicherte Lebensgrundlage und im Gegenzug konnte der Mensch sich gelegentlich einen Hühnerbraten aus der Gruppe holen. Diese aus heutiger Sicht ziemlich nachhaltige und tiergerechte Form der Federviehhaltung dürfte jahrhundertelang üblich gewesen sein und sie macht es schwer, den Zeitpunkt der eigentlichen Domestikation zu bestimmen. Ab wann waren solche mit Menschen vertraute Wildhuhnpopulationen keine Wildtiere mehr, sondern echte Haustiere? Ab wann wurde der Mensch zum Hühnerzüchter und griff aktiv in die Fortpflanzungsbiologie der Hühner ein, führte also gezielte Verpaarungen durch und bestimmte bewusst darüber, welche Küken für die Zucht großgezogen wurden? Fragen über Fragen, für die man noch heute gute Antworten finden kann, wenn man mal einen Blick nach Vietnam und Thailand wirft, wo es noch immer Wildhühner und primitive Haushühner gibt, die, wie eben von mir beschrieben, in Waldsiedlungen mit dem Menschen koexistieren. Sie werden nie in Käfige gesperrt und bleiben trotzdem da. Man hat dort das Gefühl, als wäre die Haustierwerdung des Haushuhns noch immer in vollem Gange und sogar etwas, das sich immer wieder aufs Neue wiederholt. Ein vergleichbarer Domestikationsprozess mit einem anderen Vertreter aus der Familie der Hühnervögel findet seit Jahrhunderten auch in den Bergen Sichuans im Westen Chinas statt. Dort füttern die Mönche eines Bergklosters traditionell wilde Ohrfasane (*Crossoptilon crossoptilon*) an und sorgen damit für eine große, starke Population der Vögel in der Umgebung des Klosters. Die Tiere haben bereits über viele Generationen gelernt, ihre angeborene Scheu abzulegen, und sind auf dem besten Weg dazu, in die Fußstapfen des Haushuhns zu treten und sich zu einer weiteren Art des Hausgeflügels zu entwickeln. Das Bild vom bösen Menschen, der in die Natur auszieht, um die armen Wildtiere einzufangen und in Käfige zu sperren, ist daher nur bedingt haltbar. Selbstverständlich ist die moderne Nutztierhaltung für die Tiere gelinde gesagt eine Katastrophe, aber gerade im Fall der Hühner finde ich es schön zu wissen, dass sie ursprünglich gern mit dem Menschen zusammenlebten. Hühner sind opportunistische Vögel, die durchaus dazu in der Lage sind, Überlebensvorteile, die sich ihnen bieten, zu nutzen. Auch wenn Menschen sie heute als millionenfache Massenware in Tierfabriken verkommen lassen, stand am Anfang der Geschichte von Mensch und Huhn eine nachhaltige Symbiose, von der beide Seiten profitierten.

Wie wilde Kammhühner leben

Wildhühner sind, im Gegensatz zu Haushühnern, stärker dem Wechsel der Jahreszeiten unterworfen und müssen daher ihre Fortpflanzungsstrategie an die Gegebenheiten ihres Umfelds anpassen. Die diversen Unterarten des Kammhuhns leben meist in warmen tropischen Gebieten, einige dringen aber auch in kältere Regionen vor oder finden sich in hohen Berglagen. Grundvoraussetzung für einen geeigneten Hühnerlebensraum ist eine gute Strukturierung und reichlich Deckung in Form von Gehölzen und hohen Stauden. Weil Trockenzeiten, Regenzeiten, Hitzewellen und Kälteperioden den Jahresrhythmus der Wildhühner mitbestimmen, sind sie in der Regel nur einen Teil des Jahres auf Fortpflanzung programmiert, ganz anders als viele Haushühner, die, abgesehen von einigen Wochen der Mauser, fast rund ums Jahr sexuell aktiv sind. Wenn die Bedingungen für die Aufzucht der Küken günstig sind, können Wildhühner innerhalb eines halben Jahres (zumeist sind das die Winter- und Frühlingsmonate) zwei- bis dreimal brüten und erfolgreich Küken aufziehen. Die andere Hälfte des Jahres leben sie eher zurückgezogen und widmen sich im Wesentlichen der Futtersuche und dem Austragen von Hackordnungsstreiten. Selbst die sehr bunten Hähne bilden für diese Zeit, mithilfe einer Zwischenmauser, ein schlichteres Tarnkleid aus, das es ihnen erlaubt, sich unauffällig im Unterholz zu bewegen.

Der zahme Haushahn bildet so ein Tarnkleid nicht mehr aus, womit ein weiterer Unterschied gefunden wäre.

Bild oben: Wie die Nahaufnahme zeigt, trägt die Wildhenne ein schlichtes, aber hübsch meliertes Tarnkleid aus erdigen Farbtönen, das es ihr ermöglicht, sich unauffällig im Unterholz zu bewegen.

Bilder unten: Während rechts eine Wildhenne zu sehen ist, ist auf dem linken Bild ein Haushuhn der Rasse Proveis-Ultentaler mit identischer Augen-, Lauf- und Gefiederfärbung abgebildet. Unterschiede ergeben sich auf den ersten Blick, weil die Haushenne deutlich größer ist und außerdem einen stärker ausgeprägten roten Kamm besitzt.

Auch in Gefangenschaft zeigt sich in Gruppen mit mehreren „Wildhähnen" meist, dass nur ein Hahn die dominante Rolle übernehmen kann. Er ist hier auf dem ersten Bild zu sehen und hat beispielsweise einen deutlich stärker entwickelten Kamm als der jüngere Hahn vom zweiten Bild.

Das Balzverhalten wilder Kammhühner

So wie Haushühner leben auch Wildhühner in sozialen Gruppen. Meistens ist das ein Hahn, der zwei bis fünf Hennen führt. Unter günstigen Bedingungen können die Gruppen deutlich größer sein und aus mehreren Hähnen und bis zu 20 Hennen bestehen. Der Gruppenzusammenhalt ist dann allerdings nicht so stark und die meisten Hähne solcher Großgruppen leben eher am Rande des Geschehens, als sogenannte „Satellitenhähne". Sie ziehen in sicherer Distanz mit der Gruppe mit und wagen es gelegentlich, einen der ranghohen Hähne im Duell herauszufordern. Wildhähne können sehr verbittert streiten, und wie bei Kämpferrassen kann es auch bei ihnen gelegentlich vorkommen, dass gestritten wird bis zum Tod eines der Kontrahenten. Die Siegerhähne umbalzen die Wildhuhndamen vor dem Kopulationsakt ausgiebig und machen ihnen mit tänzerischen Bewegungen und gefächerten Flügelschlägen den Hof. Das Balzverhalten des Haushahns wirkt dagegen eher plump und ist bei manchen Rassehühnern kaum noch als solches zu identifizieren. Ausnahmen sind naturbelassene Rassen wie Deutsche Zwerghühner, Javanesische Buschhühner, Steinpiperl oder Proveis-Ultentaler.

Brutverlauf und Schlupf beim Kammhuhn in der Natur

Während Haushühner auch ohne eine vorhergehende Kopulation mit einem Hahn Eier legen, wird die Legetätigkeit bei der Wildhenne erst durch den Tretakt eingeleitet.

Wie Haushennen suchen sich auch Wildhennen für die Eiablage bzw. den Nestbau ein geschütztes dunkles Plätzchen, das in ihrem Fall fast immer am Boden unter dichtem Buschwerk zu finden ist. Sie legen jeden Tag ein Ei, bis das Gelege zwischen sechs und zwölf Eier umfasst, und werden während dieser Zeit meist auch noch jeden Tag von mindestens einem der Hähne ihrer Gruppe begattet. Erst wenn das Gelege ihrem Instinkt nach voll ist, beginnen sie mit dem Brüten. Die Brut dauert bei den Wildhühnern 19 Tage und ist damit zwei Tage kürzer als die Brut des Haushuhns, die im Schnitt bei 21 Tagen liegt. Unbefruchtete Eier oder solche, die sich falsch entwickeln, werden von der Wildhenne während der Brut zielsicher identifiziert und entweder aus dem Nest geworfen oder schlichtweg aufgefressen. Ein Verhalten, das vermutlich der Nesthygiene dient. Bei einer domestizierten Henne konnte ich selbst dieses

Verhalten bisher nur ein einziges Mal erleben, und zwar bei einer meiner serbischen Sandschak-Kräher-Hennen. In der Regel belassen Haushühner auch die abgestorbenen Eier bis zum Schluss im Nest. Am ersten Tag nach dem Schlupf bleibt die Wildglucke meist noch auf dem Nest sitzen und „hudert“ die Küken unter ihrem Federkleid, wo sie in Ruhe trocknen sollen und zu Kräften kommen müssen. Nahrung brauchen sie am ersten Lebenstag noch nicht, weil sie von den Resten des Dottersacks zehren, der sich durch den Nabel in die Bauchdecke resorbiert hat. Bei Haushühnern ist das völlig gleich.

Die ersten Wochen im Leben wilder Kammhuhn-Küken

Das Bodennest der Wildhenne wird meist unter Gehölzen in das Erdreich gescharrt und wirkt etwas lieblos. Frühestens ab dem sechsten Ei beginnt die Wildhenne mit dem Bebrüten.

Die ursprüngliche Farbgebung von Hühnerküken ist mit ihren verschiedenen Brauntönen und den Streifen am Rücken sowie den „Augenbinden“ eindeutig als Tarnfarbe zu verstehen. Sie findet sich so auch bei den Küken von Wachteln und Fasanen.

Am zweiten Tag nach dem Schlupf verlässt die Glucke mit den Küken das Nest und beginnt damit, ihnen allerlei Fressbares zu zeigen. Die Küken lernen dabei schnell und nicht nur von der Mutter, sondern auch durch gegenseitige Nachahmung. Flüssigkeit nehmen die Küken anfangs ausschließlich über ihre Nahrung sowie Tautropfen auf. In manchen Fällen kehrt die Wildglucke mit dem Nachwuchs immer wieder zum Brutnest zurück, in anderen Fällen sucht sie sich für jede Ruhephase mit den Sprösslingen neue Unterschlüpfe. Wie dem auch sei, Hühnerküken sind eindeutig sogenannte „Nestflüchter“ und im Vergleich zu anderen Vogelküken schon von Anfang an weit entwickelt und sehr selbstständig. Dasselbe gilt auch für die Küken der meisten anderen Hühnervögel, wie Wachteln, Pfauen, Fasane, Truthühner, Rebhühner, Raufußhühner und Bambushühner. Die Entwicklung der Wildküken verläuft anfangs sehr zugunsten der Ausbildung eines Federkleids, während die Küken zahmer Hühner eher dazu neigen, stark an Gewicht zuzulegen, und man bei ihnen unterschiedliche Befiederungsgeschwindigkeiten vorfindet. Schon nach einer Woche haben die wilden Küken gut befiederte Flügel und versuchen von da an ständig, auf erhöhte Positionen zu flattern. Dass sie das Fliegen schnell lernen, ist wichtig für das arttypische Fluchtverhalten, außerdem versucht die Wildglucke so bald als möglich, mit den Küken auf erhöhten Ästen und Zweigen in Gehölzen zu nächtigen. Man nennt das auch aufbaumen, und Haushühner zeigen diesen Aufbauminstinkt noch überraschend häufig. Typische Baumschläferrassen wären beispielsweise die Friesenhühner, die Steinpiperl und die Bassetten.

Das weitere Heranwachsen wilder Kammhuhn-Küken

Die höchste Sterblichkeitsrate bei Wildküken ist in den meisten Fällen nicht etwa in den ersten Tagen ihres Lebens zu suchen, sondern in der Zeit ab der dritten Woche bis hin zur Abnabelung von der Glucke, die zwischen der achten und zehnten Woche stattfindet. Ab der dritten Woche werden die Küken immer selbstständiger, entfernen sich bei ihren Ausflügen täglich weiter von der Glucke und folgen dieser nicht mehr so unterwürfig wie zuvor, wenn sie gerufen werden. Auch Mamas wärmendes Federkleid wird, insbesondere in warmen Klimaten, jetzt immer unwichtiger für ihr Wohlbefinden. Die Küken werden also schon sehr selbstständig, sind zugleich aber noch sehr klein, unerfahren und verletzlich. Selbstredend sind sie damit leichte Beute für Raubtiere und fallen in der Wildnis, in Südostasien, dann in großen Zahlen Zibetkatzen, Buntmardern, Mangusten, Linsangs, Marderhunden, Füchsen, Dachsen, Wildkatzen und diversen Greifvögeln zum Opfer. Aus diesem Grund haben die Wildhühner, im Vergleich zu anderen Vogelarten, so große Gelege und fangen außerdem sehr schnell wieder damit an, ein neues Gelege auszubrüten, wenn die Küken einer Brut einmal vollständig den Raubfeinden zum Opfer gefallen sein sollten. Wildhühner sind im „Circle of Life" also typische Beutetiere und gleichen die arttypische hohe Kükensterblichkeit mit einer hohen Fortpflanzungsrate aus. Genau diese Eigenschaft macht das Huhn zu einem so guten Kandidaten für die Zucht auf Legeleistung in menschlicher Obhut. Schon in der Natur legen Wildhennen bis zu 50 Eier im Jahr, zum einen, weil sie mehrmals brüten, zum anderen, um Verluste durch Nesträuber auszugleichen. Es war daher vergleichsweise leicht für den Menschen, die genetischen Grundlagen für das Legen zahlreicher Eier im Genom des Huhns durch züchterische Selektion zu verstärken.

Wie Wildküken nach der Abnabelung weiterleben

Der erste Schritt ins Erwachsenenleben erfolgt für wilde Küken meist zwischen der achten und zehnten Lebenswoche, wenn die Glucke beschließt, dass die Kindertage nun gezählt sind, und den Nachwuchs instinktiv verstößt. Manche Glucken „nabeln" ihre Küken auch schon früher ab, andere etwas später, und man findet wohl auch Unterschiede bei den einzelnen Unterarten des Roten Kammhuhns. Die Entwöhnung selbst ist eine eher aggressive Prozedur, bei der die vormalige Glucke die Küken plötzlich nicht mehr bemuttert, sondern sie ziemlich vehement von sich scheucht. Sie vertreibt sie aus ihrem näheren Umfeld und zwingt sie damit quasi dazu, für sich selbst zu sorgen. Für die Henne beginnt jetzt entweder die ruhigere Jahreshälfte, oder aber sie beginnt relativ schnell mit der nächsten Brut und hat sich vielleicht auch im Vorfeld bereits wieder mit Hähnen eingelassen. Ob die Küken in ein anderes Gebiet abwandern und sich vielleicht anderen Hühnertrupps anschließen oder ob sie zunächst im lockeren Familienverband in ihrer Ursprungsgruppe weiterleben werden, hängt nicht zwangsläufig von der jeweiligen Unterart ab, sondern kann

Wer Bankiva-Hühner bzw. Unterarten des Roten Kammhuhns in Gefangenschaft züchten möchte, braucht eine ausbruchsichere Voliere, die reich mit Ästen, Pflanzen und anderer Deckung strukturiert ist. Die Bankivas können gut fliegen und erschrecken sich leicht in kleinen, exponierten Gehegen.

von Gebiet zu Gebiet oder von Gruppe zu Gruppe variieren. Für die genetische Durchmischung der Art ist eine gewisse Abwanderungsquote in jedem Fall sehr zuträglich. Bei Haushühnern, die in kleinen Gehegen leben müssen, bedeutet der Abnabelungsprozess selbstredend enormen Stress für alle Beteiligten, auch für die Glucke, weil man sich hier schließlich nicht, wie in der Natur, aus dem Weg gehen kann. Sofern der Halter nicht für bessere Platzverhältnisse sorgt oder die ehemalige Familie trennt, kann es bei temperamentvollen Rassen sogar zu Verletzungen und Gefiederschäden kommen.

Bei vielen der besonders aggressiven Kämpferrassen sollte man die Küken möglichst schon bei den ersten Anzeichen für eine beginnende Abnabelung zu ihrer eigenen Sicherheit von der Mutter trennen oder, noch besser, pauschal eine Woche vorher. Wilde Bankivas werden gelegentlich auch in Gefangenschaft gehalten, wo sie idealerweise in ausbruchsicheren Volieren untergebracht sind. Hier zeigt sich, dass der Althahn seine Söhne häufig noch lange Zeit in seinem Revier toleriert, solange diese sich vergleichsweise unauffällig verhalten.

Man sieht dann auf den ersten Blick, wer der Boss ist, denn die Junghähne entwickeln in solchen Gruppen ein weniger auffallendes Gefieder, und auch ihre Kämme bleiben kleiner und sind weniger leuchtend rot.

Was es sonst noch über Wildhühner zu wissen gibt

Wenn wilde Kammhuhn-Küken es schaffen, ihre Jugend zu überleben, müssen sie rund ein Jahr alt werden, um sich zum ersten Mal fortzupflanzen. Während eine Haushenne, je nach Rasse, schon mit vier bis neun Monaten in die Legereife gerät, legt eine Wildhenne erst später ihr erstes Ei. Weil auch ausgewachsene Wildhühner viele Feinde haben, werden sie in der Natur selten älter als drei bis fünf Jahre. In Gefangenschaft, beispielsweise in Zoos und Vogelparks, wurden diverse Unterarten vom Roten Kammhuhn schon deutlich älter als zehn Jahre und für einzelne Haushühner ist selbst ein biblisches Alter von 20 Jahren schon nachgewiesen worden. Wilde Kammhühner wurden heute auch außerhalb ihrer ursprünglichen Heimat, beispielsweise auf vielen Inseln der wärmeren Klimazonen, weltweit eingebürgert. Man findet sie auf vielen pazifischen Inseln ebenso wie auf Borneo, Java, Sumatra und Malaysia. Berühmt für ihre eingebürgerten Wildhühner ist die hawaiianische Hühnerinsel Kauai, auf der Zigtausende Hühner ein nahezu paradiesisches Leben führen, weil sie dort kaum natürliche Fressfeinde haben. Nur die ebenfalls eingeschleppten Katzen, Seevögel und Raubvögel dämmen den Bruterfolg der Glucken ein wenig ein, die zuweilen sogar in Straßengräben, unter Vorgartenhecken und in den Grünstreifen von Parkplätzen erfolgreich Küken großziehen. In Europa hat es in der Vergangenheit immer wieder Versuche gegeben, Bankivahühner und andere Unterarten des Roten Kammhuhns zur „Bereicherung der Fauna" und zu Jagdzwecken einzubürgern, die jedoch meist scheiterten. In Deutschland ausgewilderte Bankivahühner starben wieder aus, weil die Sommer zu regnerisch und zu kühl waren für eine erfolgreiche Kükenaufzucht und weil der gefrorene Boden im Winter die arttypische Ernährungsweise der Tiere, durch reges Scharren, erschwerte. Lediglich im italienischen Ligurien soll es angeblich seit vielen Jahrzehnten eine stabile Population von Bankivahühnern geben, die sich dort im Hinterland von Ventimiglia durch regelmäßigen Bruterfolg

Verwilderte Haushühner auf der hawaiianischen Insel Kauai, haben sich optisch wieder dem Wildhuhn genähert.

selbst erhält. Ich war 2017 extra dort, um diese europäischen Wildhühner aufzuspüren, und traf leider kein einziges Exemplar an. Noch nicht einmal ein entferntes Hahnenkrähen war mir vergönnt. Entweder war das lediglich ein Beweis dafür, wie versteckt Wildhühner leben können, oder aber das Vorkommen der eleganten Vögel ist dort mittlerweile erloschen.

Warum mir dieses Kapitel so wichtig ist

Die wilden Vorfahren unserer Haushühner sind faszinierende Vögel, deren gesamte Biologie sich von jener des Haushuhns unterscheidet. Dass die Haushühner trotz der zahlreichen Unterschiede im Sozialverhalten dennoch direkt von den Kammhühnern abstammen, ist unbestreitbar, da dieser

Sachverhalt inzwischen unzählige Male genetisch untersucht und belegt wurde. In den fortlaufenden Kapiteln über Brut und Kükenaufzucht beim Haushuhn werde ich mich aus verschiedenen Gründen immer wieder auf dieses erste, umfangreiche Kapitel zum Thema Wildhühner beziehen. Insbesondere werde ich dies aber deshalb tun, weil ich es wichtig finde, dass Tierhalter ihre Schützlinge nicht nur als Teil einer künstlich geschaffenen Menschenwelt betrachten, sondern ihnen auch einmal die Ehre erweisen, sie als das zu sehen, was sie ursprünglich einmal waren, bevor wir sie durch die Folgen der Domestikation aus dem einstigen Zusammenhang gerissen haben. Hühner sind für einen Tier- und Vogelfreund in erster Linie bewundernswerte Kleinode, die dem nicht enden wollenden Erfindungsreichtum von Mutter Natur entsprungen sind oder, um es wissenschaftlicher auszudrücken, sie sind das „vorläufige Endprodukt" ihrer eigenen, Jahrmillionen langen Evolutionsgeschichte, die sich dabei den Großteil der Zeit unbeeinflusst vom Zutun des Menschen abgewickelt hat.

Während Wildhuhnküken immer ein gestreiftes Tarnkleid tragen, können Haushuhnküken farblich ebenso variabel sein wie die ausgewachsenen Hühner und zeigen je nach Farbschlag daher die verschiedensten Farbtönungen. Hier sind Küken der Rassen: Proveis-Ultentaler (1), Serama (2), Schwedisches Blumenhuhn (3), Marans (4), Ayam Cemani (5) und Orpington (6) zu sehen.

Vor dem Aufkommen der ersten Brutmaschinen war die Naturbrut die einzige Möglichkeit, um Hühner zu vermehren. Naturbrutküken entdecken die Welt an der Seite ihrer Mutter und lernen so alles Wichtige zu seiner Zeit.

Naturbrut und Kunstbrut beim Haushuhn

Siehe Episode 62!

Früher war die Naturbrut die einzige Art und Weise, wie Hühner vermehrt bzw. gezüchtet werden konnten. Auch wenn man oft zu lesen bekommt, dass viele moderne Hühnerrassen den Instinkt zu brüten verloren hätten, so ist den meisten Hühnerrassen in Wahrheit doch ein starker Bruttrieb angeboren und sie pflanzen sich halbwild in Dschungeldörfern, Großstadtgettos oder auf Bauernhöfen lebend ebenso selbstständig fort wie unter kontrollierten Bedingungen beim Rassezüchter oder in Privatgärten. Tatsächlich kann Naturbrut ohne großes Zutun vonseiten des Halters sehr erfolgreich verlaufen, solange die Hühner dabei relativ selbstständig leben dürfen und geeignete Strukturen vorfinden. Effektiver ist sie aber zweifelsfrei, wenn der Mensch ihr Gelingen unterstützt, und darin ist auch der Sinn dieses Buches zu finden.

Um die Vorteile der Naturbrut für das Tierwohl besser zu verstehen, ist es gewiss sinnvoll, zu Beginn einen kurzen Abstecher in das Thema Kunstbrut zu machen:

Der berühmte Hühnerhofmaler Carl Jutz bildete in der zweiten Hälfte des 19. Jahrhunderts unzählige Glucken mit Kükenschar naturgetreu ab.

Oft hört man, dass Naturbrutküken wilder wären als künstlich aufgezogene Küken. Dabei zeigt ihnen eine zutrauliche Glucke sogar, dass sie dem Menschen vertrauen können.

Der Handel bietet eine Vielzahl an Gerätschaften für das künstliche Ausbrüten von Küken an, von kleinen Apparaten für den Privatgebrauch bis hin zu riesigen Brutschränken.

Kunstbrutküken regieren die Welt

Der Naturbrut gegenüber steht in logischer Konsequenz die Kunstbrut. Wann genau der Mensch Küken zum ersten Mal künstlich ausgebrütet hat, also ohne eine Mutterhenne, ist schwer festzustellen. Laut „Aegyptiaca Servitus", einer Reisebeschreibung des Kriegsgefangenen Michael Herberer, war es im 16. Jahrhundert in Siedlungen am Nil üblich, Küken in einer Art umgebautem Backofen zu Hunderten auszubrüten. Falls das richtig ist, ist es absolut verblüffend, denn die Methode dürfte den „Brutofenbetreibern" großes Fachwissen und Fingerspitzengefühl abverlangt haben. Es wird vermutet, dass diese Ofenbrut bereits von den alten Ägyptern entwickelt wurde. Mit elektrischen Brutgeräten, so wie Kunstbrut heute betrieben wird, wurden die ersten Erfahrungen jedenfalls im 19. Jahrhundert gesammelt. Seither wurden die Brutmaschinen stark verbessert und laufen längst vollautomatisch. Sie steuern Luftfeuchtigkeit und Bruttemperatur ebenso, wie sie das Wenden der Eier zum richtigen Zeitpunkt durchführen. Von „Apparaten" kann in den großen Brütereien nicht mehr die Rede sein, eher kommen dort Brutschränke bzw. Bruträume oder gar Bruthallen zum Einsatz. Längst ist das Ausbrüten von Zigmillionen Küken jedes Jahr zu einem Megabusiness geworden, einem eigenen Geschäftszweig in der Geflügelproduktion, der nicht selten getrennt von den Zuchtbetrieben und den Tierfabriken, in denen letztlich die Hühnereier und das Hähnchenfleisch produziert werden, geführt wird. Die Kunstbrutkükenproduktion ist ein kalkulierbarer Markt und macht das Küken zu einer Ware ohne Würde. Deutlich besser sieht es da bei den Rassezüchtern aus. Auch in der Rassezucht wird heute in der Regel mit den Methoden der Kunstbrut gearbeitet, aber hier hat das einzelne Tier noch einen Stellenwert und die Küken werden von den Züchtern nicht selten mit viel Liebe aufgezogen. Dass die Kunstbrut auch die geläufige Methode der Hühnervermehrung geworden ist, liegt zum einen schlichtweg daran, dass sie effektiver ist, zum anderen ist es aber auch so, dass man als Ausstellungszüchter Küken meist bewusst schon sehr früh im Jahr ausbrüten möchte. Die Jungtiere sollen im Herbst weit genug entwickelt sein für die großen Geflügelschauen, die dann von den Zuchtverbänden abgehalten werden. Daher müssen sie im Winter schlüpfen, einer Jahreszeit, wo meist keine gluckige Henne zur Verfügung steht. Ich mache mir da gar nichts vor, in der Rassezucht und in der Geflügelindustrie wird die Kunstbrut immer das erste Mittel der Wahl bleiben. Für Hobbyzüchter und Gartenhühnerhalter, um nicht zu sagen „happy Hühnerhalter", stellt die Naturbrut meiner Meinung nach jedoch die weitaus verlockendere und begrüßenswertere Variante dar. Damals wie heute.

Thermometerhühner betreiben eine verblüffende Art der Kunstbrut.

In solchen Bruthügeln werden Eier von Thermometerhühnern durch die beim Verrottungsprozess von Pflanzenmaterial entstehende Wärme ausgebrütet.

Thermometerhühner – wenn Hühnervögel Kunstbrut betreiben

Im Leben ist nicht immer alles schwarz oder weiß, und für die oft sehr spannenden Grauschattierungen möchte ich in diesem Kapitel daher abschließend sorgen, indem ich Ihnen schildere, wieso die Kunstbrut keine Menschheitserfindung ist.
Einige Mitglieder aus der Ordnung der Hühnervögel betreiben selbst so eine Art Kunstbrut. Das Thermometerhuhn (*Leipoa ocellata*) legt für die Fortpflanzung einen riesigen, oft mehr als vier Meter breiten Bruthügel aus verrottendem Pflanzenmaterial an, dessen Herzstück eine Grube im Zentrum ist, die sogenannte Eikammer. Nach einer Regenperiode fängt das Pflanzenmaterial durch die Feuchtigkeit an zu verrotten und gibt Wärme ab. Genau dann ist der ideale Zeitpunkt für die „Thermometerhenne", ihre Eier in den „Komposthügel" abzulegen, wo diese dann zugescharrt werden und sich ohne ihr Bebrüten zu Küken entwickeln sollen. Die Aufgabe der Henne ist mit der Eiablage erledigt, während der „Thermometerhahn" den Bruthügel bis zum Schlüpfen der Küken bewacht, und wegen der vergleichsweise unkontrollierbaren Bedingungen im Hügel kann die Entwicklungszeit der Küken in den Eiern zwischen 50 und 95 Tagen schwanken. Nach dem Schlüpfen sind die Thermometerhuhnküken direkt selbstständig und werden nicht mehr vom Vater versorgt, doch weil dieser den Hügel zumindest bewacht hat, kann man dennoch auch bei dieser Spezies von Brutpflege sprechen. Auf ähnliche Art pflanzen sich bekanntermaßen auch viele Reptilien fort, vom Krokodil bis hin zur Schildkröte. Ein tragisches Kunstbrutmissgeschick mit Hühnerküken, das verblüffend an die Methode der Thermometerhühner erinnert, hat sich 2018 auf einer Müllhalde in Georgien zugetragen. Durch den Verrottungsprozess und die Sonnenwärme wurden Tausende entsorgte Hühnereier ungewollt bebrütet, von denen ein Bruchteil sich tatsächlich bis zum Schluss entwickeln konnte. Hunderte Küken schlüpften daher und irrten anschließend in Heerscharen auf der Halde herum. Ein Internetvideo davon alarmierte Tierfreunde auf der ganzen Welt. Glücklicherweise wurden die Küken schon bald eingefangen und an verschiedene Familien der Region vermittelt, denn große Überlebenschancen hätten sie auf der schutzlosen Halde nicht gehabt.

Kinder wünschen sich oft Küken von den eigenen Hühnern, aber man sollte ihnen die Nachzucht nur erlauben, wenn eine Vermehrung auch Sinn macht.

Überlegungen, die vor der Naturbrut zu treffen sind

Siehe Episode 141!

Bevor man sich dazu entschließt, Hühner zu vermehren, gibt es zunächst einige Fragen, die man sich selbst als Hühnerhalter gedanklich beantworten sollte. Eine gut geplante Naturbrut beziehungsweise das gewissenhafte Züchten von Hühnern erspart den Tieren viel Leid und dem Halter so manche Sorge. Zu den fünf Überlegungen, die Sie in Ihrem Kopf durchspielen sollten, zählen:

1. Bin ich als Züchter geeignet?

Wenn man Küken hat, wird man immer wieder mit Dingen konfrontiert werden, die man so nicht hatte kommen sehen, zum Beispiel aggressive Glucken, Küken, die Schlupfschwierigkeiten haben, oder kranke und sterbende Küken. Möchte man gezielt züchten und sich vielleicht sogar an der Erhaltungszucht einer alten Rasse beteiligen, erfordert das den Eintritt in einen Zuchtverein und jede Menge Papierkram und Organisationsaufwand. Sind Sie dem allem gewachsen?

2. Komme ich mit dem Zeitaufwand zurecht?

Der tägliche Zeitaufwand für die Versorgung des Federviehs steigt an, wenn Nachwuchs da ist. Man wird öfter nach dem Rechten sehen, regelmäßig spezielles, kükengerechtes Frischfutter zubereiten müssen und braucht vielleicht auch öfter die Hilfe von Familienmitgliedern, Freunden oder Nachbarn zum „Hühnersitten".

3. Ist genug Platz für die Zucht vorhanden?

Der Platzaufwand steigt, sobald man Hühner vermehrt, ganz gleich, ob man dabei in größerem Maßstab züchten möchte oder nur ausnahmsweise mal einer einzelnen Henne das Mutterdasein gönnt. Für die Aufzucht der Küken in den ersten Wochen ist eine separierte Unterbringung der Hühnerfamilie meist notwendig. Auch die halbwüchsigen Jungtiere, die nach der „Abnabelung" von der Hühnermama womöglich nicht mit den anderen Hühnern kompatibel sind, brauchen ihren eigenen Stall und Auslauf. Insbesondere kämpferisch veranlagte Junghähne

Manchmal hat man das Pech, dass in einer Brut ausschließlich Hähne schlüpfen. Hier hat sich die Besitzerin aber schon frühzeitig Gedanken über gute Plätze für ihre drei Sundheimer-Gockel gemacht.

müssen vielleicht in einer Junggesellengruppe weiter aufgezogen werden, je nach Rasse.

4. Können andere Haustiere Probleme bereiten?

Andere Haustiere, insbesondere Katzen und Hunde, sind ausgewachsenen Hühnern gegenüber meist erstaunlich tolerant. Das kann sich jedoch schlagartig ändern, wenn plötzlich winzige Küken durch den Garten wuseln, die eindeutig ins Beuteschema der domestizierten Raubtierarten passen.
Auch andere Geflügelarten, wie Gänse, Puten oder Perlhühner, haben Hühnerküken schon mehr oder weniger „versehentlich" über die Regenbogenbrücke befördert durch schlichtes Revierverteidigungsverhalten. Problematisch können auch Schweine, Ziegen und Großpapageien sein, wenn sie Kontakt zu Küken haben.

5. Ist es überhaupt sinnvoll, meine Hühner zu vermehren?

Ob es überhaupt sinnvoll ist, die eigenen Hühner brüten zu lassen, hängt vom persönlichen Ermessen ab, aber ich denke schon, dass es ein Unterschied ist, ob man eine alte Rasse züchtet oder wahllos mit einer bunten Truppe von modernen Legehybriden herumkreuzt. Die auch in der Hobbyhaltung sehr häufigen Legehybriden sind Hochleistungstiere und im Grunde genommen Qualzuchten, die nicht absichtlich noch vermehrt werden sollten. (Aus rechtlichen Gründen wäre das auch gar nicht erlaubt, da die meisten Legehennenlinien geschützte „Produkte" sind.)

Ernsthaft züchten heißt meistens auch selektieren. Mit liebevollem, aber prüfendem Blick macht sich die Züchterin hier Gedanken darüber, wer von ihren halbwüchsigen Appenzeller Spitzhauben und Barthühnern wohl gute Zuchttiere abgeben wird.

Nicht viele Katzen bleiben so gleichgültig wie diese angesichts einer bunten Kükenschar, die hektisch durch den Garten flitzt.

Im Juni 2019 war mein Proveis-Ultentaler-Hahn Legolas noch ein hilfloses Küken, das nach seiner Glucke rief. Fünf Monate später krähte er bereits durch die ganze Siedlung und mauserte sich zum sprichwörtlichen „Hahn im Korb".

Diese wachtelfarbigen Antwerpener Bartzwerg-Küken gehören einer seltenen Rasse an und ihr Schlupf war daher in höchstem Maße wünschenswert.

Schon in der ersten Lebenswoche entwickeln Küken einen enormen „Expansionsdrang" und ihr Platzbedarf steigt daher täglich.

Möchte man züchten, steigt der Platzbedarf stark an. Denken Sie zum Beispiel an kükengerechte und raubtiersichere Gehege für den täglichen Freilauf.

Brutwillige Hennen ziehen sich zum Brüten häufig in eine ruhige Ecke des Hühnerstalls zurück.

Bleibt eine Henne tagelang auf dem Nest sitzen und macht sich dabei auffallend flach, ist das fast immer ein Anzeichen für den Beginn einer Naturbrut.

Siehe Episode 123!

Wie Glucken in Brutlaune geraten

Brutwillige Hennen erkennen

Eine brutwillige Henne ist mit etwas Übung in der Regel unschwer von den anderen Hühnern zu unterscheiden. Das Erste, was dem Hühnerhalter auffällt, ist meistens die schlichte Tatsache, dass das betreffende Huhn ein Legenest nach der Eiablage nicht mehr verlassen möchte. Hebt man das Tier vom Nest, nimmt es zunächst eine aktive Abwehrhaltung ein, die aus empörten, kreischenden Gackerlauten besteht, gekoppelt mit einem aufgeplusterten Federkleid. Üblicherweise menschenscheue Tiere bleiben dabei ungewöhnlich nahe beim Halter und haben das Gefühl für den angemessenen Sicherheitsabstand offensichtlich verloren. Auch kurz hintereinander ausgestoßene Gackerlaute können nun folgen, bei denen es sich um die typischen Glucklaute einer Mutterhenne handelt. Ist die Henne fest dazu entschlossen zu brüten, wird sie innerhalb der nächsten Minuten bis hin zu einer Viertelstunde wieder versuchen, auf das Nest zurückzugelangen. Schon vor diesem „eigentlichen Brütmodus" hätten aufmerksame Beobachter in den vorhergehenden Tagen Unterschiede im Verhalten der Hennen feststellen können. Bevor sie „fix" sitzen bleiben, suchen viele Hennen nämlich schon auffallend unruhig nach geeigneten Plätzen zum Brüten, treiben sich hierzu in dunklen Ecken des Stalls herum oder verstecken sich im Unterholz des Gartens. Ebenso zupfen sie scheinbar stundenlang an der Einstreu in den Legenestern herum und sondern sich zunehmend von den anderen Hühnern ab. Der Nestsuchinstinkt und der Nestbauinstinkt können viele Tage in Anspruch nehmen. In der Natur fängt eine Henne auch nicht sofort nach der Ablage des ersten Eis im Nest mit dem eigentlichen Brüten an, sondern bleibt erst viele Tage später, wenn das Gelege ihrer Meinung nach groß genug ist, auf dem Nest sitzen. Schließlich sollen ja alle Küken gleichzeitig schlüpfen.

Wie man eine Henne gezielt zum Brüten animieren kann

Es gibt einige Tricks, mithilfe derer man ein Huhn dazu animieren kann zu brüten. Ob diese dann auch funktionieren können, hängt von der Jahreszeit, dem Gesundheitszustand des Tiers, dem Alter, der Rasse und den individuellen Eigenheiten des Huhns ab. Nach den Erfahrungen vieler Züchter geraten ältere Hennen ab dem zweiten Lebensjahr leichter in Brutlaune als einjährige Junghennen. Die beste Zeit für die Stimulation sind die Frühlingsmonate. Kaum etwas wirkt dann auf eine künftige Mutterhenne unwiderstehlicher als ein volles Gelege von acht bis zwölf Eiern, an einem dunklen, ruhigen Plätzchen im Hühnerstall drapiert. Bei brutfreudigen Rassen wie Zwerg-Wyandotten, Seidenhühnern oder Steinpiperl findet sich durch ein solches Locknest fast immer eine Gluckenanwärterin. Hilfreich kann es auch sein, wenn man die Hennen vorab proteinreich gefüttert hat. Die regelmäßige Gabe von Mehlwürmern, gekochtem Ei oder etwas Speisequark ist hierfür geeignet. In der Natur ist tierisches Protein für die Hühner sehr wertvoll und seine regelmäßige Verfügbarkeit signalisiert dem Huhn, dass nun ein guter Zeitpunkt für die Aufzucht von Küken wäre.

Wie man ein Huhn vom Brüten abhalten kann, lesen Sie im Kapitel „Hennen schonend entglucken" (s. Seite 53).

Manchmal ist „Brütigkeit" ansteckend. Oben brütet eine Althenne direkt neben ihrer Tochter vom Vorjahr.

In seltenen Fällen gelangen sogar die Hennen der modernen Gebrauchskreuzungen (Hybridhühner) in Brutlaune und können dann, so wie diese Bovan-Black-Henne, auch mal gute Glucken abgeben.

Zu den stärksten Anreizen für eine Henne, um in Brutlaune zu geraten, zählt mit Sicherheit das volle Nest. Es macht dabei nichts aus, wenn die Eier offensichtlich von unterschiedlichen Hennen stammen.

Nicht selten wird die Lieblingshenne eines Hahns als erstes Huhn in der Gruppe brütig.

Schon das regelmäßige Krähen eines Hahns kann wissenschaftlichen Untersuchungen zufolge stimulierend auf Gluckanwärterinnen wirken.

Welche Rolle spielt der Hahn in puncto Brutlust?

Obwohl domestizierte Hühner an sich keinen Hahn mehr brauchen, um in Brutlaune zu geraten, gibt es doch immer wieder Beobachtungen, die nahelegen, dass ein Hahn auf jeden Fall die Brutlust seiner Damen steigert. Der Tretakt und damit die Befruchtung der halb entwickelten Eier im Eileiter scheinen den Fortpflanzungstrieb zu bestärken. Außerdem beteiligen sich viele Hähne sogar an der Nestsuche und locken, sofern sie fündig geworden sind, ihre Herzensdamen mit speziellen Locklauten in die Nester ihrer Wahl. Am stärksten wird das Brutverhalten der Henne, bei allerlei Rassen aus der Gruppe der Kampfhühner, vom Hahn beeinflusst, weil hier, anstelle einer Haremsbildung, häufig eine starke Paarbildung zu finden ist. Viele Hähne verhalten sich auch nach dem Schlüpfen der Küken ihnen gegenüber auffallend freundlich und sorgen dafür, dass fremde Hennen der jungen Familie nicht zu nahe kommen.

Der regelmäßige Tretakt durch den Hahn ist nicht nur unerlässlich, damit die Bruteier gut befruchtet sind, er kann auch generell die Brutlust der Hennen steigern.

Eine brütende Glucke versorgen

Siehe Episode 140!

Hat man eine Gluckanwärterin, die alle Anzeichen dafür zeigt, dass sie brav sitzen bleiben wird und ernsthaft brüten möchte, gilt es einige Dinge zu beachten, damit auch alles glatt laufen kann. Dabei soll es nicht nur um die Küken gehen, die letztlich schlüpfen sollen, sondern auch um die Gesundheit und das Wohlbefinden der Glucke.

Tiergerecht verläuft eine Naturbrut dann, wenn neben dem Wohlergehen der künftigen Küken auch die Gesundheit der Glucke stets im Mittelpunkt steht.

Das Nest für die Bruthenne vorbereiten

Fast immer fangen brutwillige Hennen in einem der Legenester mit dem Brüten an. Das kann aus verschiedenen Gründen problematisch sein, zum Beispiel weil die Legenester oft sehr beengt sind und weil die anderen Hühner die Glucke ständig stören werden oder vielleicht sogar versuchen, sie zu vertreiben, sollte sie ein allseits beliebtes Legenest für das Brutgeschäft ausgewählt haben. Auch sind Legenester oft relativ hoch positioniert angebracht, was spätestens, wenn die Küken schlüpfen, zum Problem werden würde. Man wird eine Bruthenne daher in der Regel nicht direkt im Legenest brüten lassen

Häufig fangen Hennen, so wie diese beiden Proveis-Ultentaler-Damen, in den Legenestern mit dem Brüten an und müssen daher einmal umgesiedelt werden.

Beim Vorbereiten des künftigen Brutnestes darf man auch getrocknete Kräuter, wie Kamille, Salbei und Wermut, in die Einstreu mischen, denn das vertreibt Ungeziefer und bietet der Glucke etwas zum Zupfen.

Meine eigenen Hühner brüten bevorzugt in Kisten am Stallboden und mögen es, wenn ungiftige Naturäste das Brutnest ein wenig abschirmen.

und sollte sie mindestens einmal samt Gelege umquartieren. Bei dieser Gelegenheit kann man das neue Nest gleich so einrichten, dass es einen günstigen Brutverlauf unterstützt. Das Brutnest sollte an einem geschützten, ruhigen und nicht zu hellen Platz eingerichtet werden. Ganz besonders Zugluft gilt es zu vermeiden, und auch die anderen Hühner sollten im Idealfall dort nicht hingelangen. Umgedrehte und etwas angefeuchtete Grassoden, die man unter das Nest bettet, sorgen für ein gutes Mikroklima und verhindern das Austrocknen der Eier in Ställen mit niedriger Luftfeuchtigkeit. Getrocknete Heilkräuter, wie Lavendel, Thymian, Salbei, Wermut und Indianernessel, dürfen in die Neststreu gemischt werden. Sie sollen mit ihren Aromen Ungeziefer vertreiben, außerdem kann das Huhn an ihnen zupfen und sie nach Bedarf fressen. Sollte die Henne bisher auf unbefruchteten Eiern gesessen sein, dann kann man diese direkt beim Umquartieren durch befruchtete Eier, also richtige Bruteier austauschen. Beim Umsiedeln sollten Sie rasch, aber ruhig vorgehen, um das Tier nicht allzu sehr zu verstören. Am besten klappt es während der Abend- oder Morgendämmerung. Ein Huhn, das brutwillig ist, wird im Normalfall durch das Umquartieren nicht wieder „entgluckt" und setzt sich spätestens nach einer halben Stunde auf das neue Nest zum Weiterbrüten.

Was es beim Gelege zu beachten gilt

Am Anfang der Brutzeit bestimmt der Halter, wie viele Eier er bei der Henne im Nest belassen möchte, und damit auch, wie viele Küken im besten Fall maximal schlüpfen werden. Ich empfehle Gelegegrößen zwischen fünf und zwölf Eiern, je nach Rasse. Man entfernt außerdem auffällige Eier mit atypischer Schalenbildung, wie verdickten Kalkablagerungen oder Deformierungen, vorsorg-

Das Gelege darf für eine erfolgreiche Brut nicht zu groß sein, und auch verspätet von der Henne dazugelegte Eier sollten regelmäßig entfernt werden.

Extrem verschmutze Bruteier bergen das Riskio einer erhöhten Keimbildung im Ei und sollten daher vorzeitig entfernt werden, sofern man die Wahl hat.

lich aus dem Gelege. Oft entwickeln sich darin zwar Küken, diese haben jedoch spätestens beim Schlupf Probleme, weil sie es nicht schaffen, die unregelmäßigen Eierschalen rechtzeitig zu durchbrechen. Probleme bereiten auch immer wieder stark verschmutzte Bruteier, weil sich Keime durch die Brutwärme rasanter vermehren können als sonst. Manche Hennen legen, während sie ein Gelege bereits aktiv bebrüten, noch immer täglich ein neues Ei dazu. Solche Eier sollten ebenfalls regelmäßig entfernt werden, denn sofern sie überhaupt befruchtet sind, wäre die Entwicklung der Küken darin selbstredend verzögert. Die Nachzügler hätten keine Chance, fertig bebrütet zu werden, weil die Glucke das Nest verlässt, wenn die Anfangsgruppe geschlüpft ist. Es empfiehlt sich unter Umständen, die „originalen" Bruteier am ersten Tag mit einer kleinen Bleistiftmarkierung zu versehen. So wissen Sie später, welche Eier neu dazugelegt wurden.

Wie man brütende Hennen richtig versorgt

Auch brütende Hennen müssen regelmäßig fressen, trinken und das Nest für die Absetzung des Kots verlassen. Leicht lässt man sich dazu verleiten, ihnen Futternapf und Trinkgefäß direkt vor die Nase zu setzen, tatsächlich aber ist es besser, wenn sie beides nur außerhalb des Nests erreichen. Es schadet dem Gelege auch nicht, wenn es zwischendurch mal leicht abkühlt. Gesunde Glucken haben einen vergleichsweise sehr festen Kot, der je nach Tier und Futterzusammensetzung einmal täglich oder auch nur alle zwei bis drei Tage abgesetzt werden muss. Weil falsch gefütterte Glucken das Gelege häufig mit ihrem Kot stark verschmutzen, füttert man sie während der Brutphase ausnahmsweise mal ganz gezielt einseitig mit Körnermischungen. Sie bekommen kein Grünzeug, denn das führt zu sehr flüssigem Kot. Neben dem Körnerfutter kann man eventuell noch etwas hart gekochtes, zerkleinertes Ei reichen, damit das Tier bei Kräften bleibt. Wie dem auch sei, achten Sie bei einer Glucke, die zum ersten Mal brütet, darauf, dass sie das Nest auch wirklich regelmäßig verlässt, um zu fressen. Manche Hennen brüten so verbissen, dass der Halter sie jeden Tag wenigstens einmal vom Nest nehmen muss, damit sie kurzfristig „aus ihrer Trance erwachen". Das klappt, wie

Es ist wichtig, dass die Glucke das Nest während des Bebrütens manchmal verlässt, um den sehr festen und übel riechenden Gluckenkot abzusetzen, der keinesfalls auf das Gelege gelangen darf.

Auch Glucken gönnen sich während ihrer kurzen Brutpausen gerne mal ein schnelles Staubbad im trockenen Sand, was der Gefiederpflege dient.

ich aus eigener Erfahrung bestätigen kann, sehr gut. Ich selbst hatte so eine verbissene Brüterin unter meinen Hühnern, und während diese brütete, stellte sich eine regelrechte Routine zwischen uns beiden ein. Jeden Tag vor der Arbeit, wenn ich morgens zu den Hühnern ging, nahm ich die besagte Henne vom Nest und setzte sie mitten in den grünen Auslauf vor einen Napf mit Futter sowie vor ein Wassergefäß. Sie fraß immer zwei Minuten lang gierig, lief dann zum Sandplatz, um mit nervösen Gackerlauten ein hektisches Staubbad zu nehmen, anschließend wurde noch mal gefressen und zu guter Letzt kamen einige gierige Schlucke vom Wasser. Nach spätestens fünf bis sieben Minuten war alles schon wieder vorbei und sie lief eilig über die Hühnerleiter zurück auf ihr Nest. Übrigens sollte man die Henne ab dem Ende von Tag 19 nicht mehr „manuell" vom Nest herunternehmen. Oft schlüpfen Küken früher als gedacht, und so verhindert man, dass man den Schlupfvorgang stört.

In der Regel brüten Hennen jedoch ca. 21 Tage lang. Am Ende der Brutzeit haben die Glucken häufig viele Federn verloren und man wird außerdem einen deutlichen Gewichtsverlust feststellen. Das ist normal, denn das Brüten ist sehr anstrengend für sie. Im Brustbereich verlieren Glucken viele Federn, damit die Eier durch den Hautkontakt direkten Zugang zur Körperwärme haben. Zum Teil dienen die ausgefallenen Federn der Auspolsterung des Nestes.

Was der Halter vor, während und nach dem Schlupf für die künftige Hühnerfamilie tun kann

Nach der Erfahrung vieler Hühnerhalter empfiehlt es sich, das Gelege am 18. Tag mit etwas Wasser zu besprühen. Eier trocknen in Ställen schneller aus als in der Natur, und das Besprühen verhindert, dass die Küken Probleme beim Schlüpfen haben, weil das Ei bereits dehydriert ist. Üblicherweise schlüpfen die Küken am 21. Tag, es gibt aber auch Rassen, bei denen die Küken zuweilen schon am 19. oder am 20. Tag schlüpfen. Die Glucke kommuniziert in den Tagen vor dem Schlupf bereits mit ihren Sprösslingen durch die Eierschalen hindurch und die Küken antworten ihr zum Schluss sogar. Direkt vor dem Schlüpfen verständigen sich die Küken untereinander über ihre Piepslaute von Ei zu Ei. Das machen sie, um den Schlupfzeitpunkt synchronisieren zu können. Die Natur hat das so eingerichtet, weil Hühnerküken Nestflüchter sind und schon am Folgetag des Schlüpfens mit der Mutter erste Ausflüge machen. Daher ist es wichtig, dass die Familie nicht allzu lange auf Nachzügler warten muss. Legt man einer Bruthenne die Eier von verschiedenen Rassen unter, kann es selbstredend zu Problemen kommen, wenn Küken von Rassen dabei sind, die bereits am 19. Tag schlüpfen, sowie solche, die erst am 21. Tag schlüpfen. Letztere werden dann erfahrungsgemäß nicht ordentlich fertig bebrütet, weil die Glucke bereits mit dem Führen der „Frühankömmlinge" begonnen hat. Rassen mit extrem frühem Schlupfzeitpunkt wären beispielsweise Steinpiperl und Serama.

Dieses Gelege ist mit Eiern verschiedener Rassen bestückt, von Zwerghuhn bis Großrasse. Es besteht daher die Gefahr, dass die Küken zu unterschiedlichen Zeiten mit der Entwicklung im Ei fertig sein werden.

Stadien der Embryonalentwicklung

Grafik © Learning Recources

Dieses frisch geschlüpfte Küken der Rasse „Ostfriesische Möwe" zeigt noch den Eizahn an der Schnabelspitze, den es für den Schlupfvorgang braucht. Er fällt bald darauf ab.

An ihrem ersten Lebenstag reagieren die Küken nur zaghaft auf Futter, da helfen selbst die Lockrufe der Mutter nichts.

Siehe Episode 142!

Die entwicklungsgemäße Versorgung in den ersten Wochen

Bemerkt man, dass die Küken gerade dabei sind, unter der Bruthenne zu schlüpfen, sollte man möglichst wenig stören. Das Schlüpfen kann sich über viele Stunden hinziehen, und nimmt man die Henne jetzt vom Nest, zerstört man das luftfeuchte „Schlupfklima", das sie extra unter ihrem Federkleid aufbaut.

Die Küken trocknen nach dem Schlüpfen rasch und bleiben zunächst relativ ruhig unter dem Federkleid der Mutter sitzen, wo sie zwischen ihren Schlupfgeschwistern und eventuell noch schlüpfenden Küken mit einem gelegentlichen Piepslaut verharren. Ist man sich sicher, dass alle Küken geschlüpft sind, kann man als Halter nun die Henne mal kurz vom Nest nehmen, um den Schlupferfolg zu überprüfen. Auch tote Küken und unbefruchtete Eier können bei dieser Gelegenheit gleich entfernt werden, ebenso wie die Schalenreste. Wie Sie mit Küken vorgehen sollten, die eventuell Schlupfprobleme haben, erfahren Sie im Infokasten anbei. Ansonsten wird am ersten Lebenstag der Küken wahrscheinlich nicht viel Aufregendes passieren, weil die Küken anfangs noch nichts fressen oder trinken. Sie zehren nämlich von den Resten ihres Dottersacks, den sie vor dem Schlupf resorbiert haben. Meist nehmen die Küken dann am Folgetag des Schlupfes zum ersten Mal etwas Nahrung zu sich und lassen sich dabei bereits erstaunlich gut von der Mutter leiten. Als erste Nahrung dürfen „Kükenstarter" und spezielle „Kükengrütze" angeboten werden. Zusätzlich zu reinem Trinkwasser kann nun außerdem handwarmer Kamillentee bereitgestellt werden, der die Verdauung des Nachwuchses ankurbelt und auch der Glucke guttut. Mehr dazu im Kapitel über die Fütterung (s. Seite 55). Der Zeitpunkt, wenn die Glucke das Schlupfnest zum ersten Mal mit den Küken verlässt, ist auch ein guter Zeitpunkt, um das Nest mal gründlich zu säubern. Womöglich ist es so verschmutzt, dass Sie die Einstreu sogar komplett erneuern sollten. Den Unterboden können Sie bei dieser Gelegenheit mit etwas Urgesteinsmehl bestreuen. Das bindet Gerüche, trocknet feuchte Stellen und ist gut gegen Ungeziefer.

Urgesteinsmehl ist ein erstklassiges Naturprodukt, das in Nestern und Einstreu Gerüche neutralisieren und flüssige Ausscheidungen binden kann.

Nach dem Schlupf der Küken wird das Brutnest ausgetauscht oder gründlich gesäubert. Urgesteinsmehl kann sehr hilfreich sein und hat viele positive Wirkungen.

Die Prägung auf das Muttertier vollzieht sich innerhalb der ersten Lebenstage, darum ist die Hühnerfamilie anfangs im sicheren Stall am besten aufgehoben.

Sind die Küken etwas zu Kräften gekommen, stehen sicher auf den Beinen und folgen brav ihrer Glucke, kann bei gutem Wetter der erste Ausflug ins Freie erlaubt werden.

Es ist normal, dass Küken schon in den ersten Lebenswochen mit den hühnertypischen Hackordnungsstreitigkeiten beginnen.

Die ersten Lebenswochen von Naturbrutküken

Die Prägung der Küken auf das Muttertier vollzieht sich in den ersten Lebenstagen, weshalb Eintagesküken der Glucke häufig nicht ganz freiwillig folgen.

Für die Glucke fängt der Stress nach dem Ausbrüten des Nachwuchses erst an, denn sie ist wegen ihrer Sprösslinge ständig auf Achse, hat mit der Kindererziehung viel zu tun und muss nebenher noch mit ihrem eigenen Gewichtsverlust von der Brutzeit zurechtkommen. Muttertier und Küken brauchen jetzt besonders ausgewogenes und hochwertiges Futter, und Sie finden von mir daher einige Empfehlungen im Kapitel über die Kükenfütterung (s. Seite 55).

In der ersten Lebenswoche empfiehlt es sich, die Glucke und ihre Küken separiert von den anderen Tieren an einem geschützten Plätzchen zu halten. In der Ruhe des Kükenheims können die Küken zu Kräften kommen, ihre Geschicklichkeit im Rennen, Hüpfen und Flattern trainieren und sie lernen außerdem die Rufe und Signale der Mutter richtig zu deuten.

Schon in der zweiten Woche haben gesunde Küken ihr Gewicht verdoppelt und die ersten Federchen sind zu diesem Zeitpunkt ebenfalls gewachsen, insbesondere an den Flügeln. Die Küken sind erstaunlich robust und können unter Umständen bereits den ersten Kontakt zu den

.So extrem können Küken sich in den ersten Wochen farblich verändern. Aufgrund des genetischen Farbverdünnungsfaktors „Weizenfarbig", der nur bei weiblichen Tieren dauerhaft wirksam bleibt, wechselt dieser junge Hahn von Hellgelb zu Schwarztönen, während seine Schwestern hell bleiben.

Bild 1: Zwei Tage alt.

Bild 2: Eine Woche alt.

Bild 3: Zwei Wochen alt.

Bild 4: Drei Wochen alt.

anderen Tieren haben. Schätzen Sie selbst ein, ob eine Familienzusammenführung funktionieren kann. Sind die anderen Hühner der Glucke körperlich stark überlegen oder gehören einer temperamentvolleren Rasse an, ist es vielleicht besser, noch zu warten. An sich wird die Glucke ihre Kükenschar aber gekonnt gegen andere Hühner verteidigen, und als Halter ist man nicht selten verblüfft, wie reibungslos alles abläuft. Ein erster Meilenstein im Leben der Küken ist meiner Meinung nach das Vollenden der dritten Lebenswoche. Sie sind dann aus dem „Kleinkindalter" heraus und werden von da an auch mit anderem Basisfutter versorgt.

Anstelle von Kükenstarter und Kükengrütze reicht man ihnen nun die als „Küken-Alleinfutter" oder „Küken-Aufzuchtfutter" betitelten Mischungen aus dem Sack. Außerdem können dreiwöchige Küken jetzt auch sämtliche anderen Futterarten ausreichend gut verwerten, insbesondere allerlei Grünkost. Bei erstaunlich vielen Hühnerrassen kann man nach drei Wochen schon die Geschlechter der Küken erkennen. Männliche Tiere haben im Vergleich zu den weiblichen dann bereits einen deutlich weiter entwickelten Kamm sowie kräftigere Beine.

Auch verhalten sich die künftigen Hähne im direkten Vergleich zu ihren Schwestern oft auffallend anders –erfahrene Halter können daran das Geschlecht relativ zuverlässig deuten. Während die Hahnenküken bei manchen Rassen eindeutig mutiger und zutraulicher als die Hennenküken sind, gibt es bei auch das Phänomen, dass die männlichen Küken skeptischer und wilder sind. Bei meinen bisherigen Küken, die vorwiegend von Landrassen wie Steinpiperl und Proveis-Ultentalern stammten, war es immer so, dass die Hähnchen als Erstes zahm wurden und Vertrauen zu mir fassten.

In den ersten Wochen schauen sich Küken alles von der Mutter ab und erlernen zum Beispiel das ausgiebige Staubbaden in der Sandkiste, indem sie der Mutter zuschauen. Diese Chabo-Glucke teilt das Familienbad mit einer bunten Schar von Serama- und Chabo-Küken.

Der Abnabelungsprozess

Hühnerküken, aber auch generell die Küken von fast allen anderen Vogelarten, verblüffen mit einer enormen Wachstumsgeschwindigkeit und entwickeln sich daher schnell aus ihren „Kinderschuhen" heraus. Sie werden mit jeder Lebenswoche selbstständiger. Schon in der vierten Lebenswoche werden sie untertags, wenn die Witterung warm ist, kaum noch von der Glucke „gehudert" – also nicht mehr zum Wärmen unter die Flügel genommen. Manchmal ist zu beobachten, dass die Glucke sie zwar hudern würde, die Küken aber keine Lust mehr darauf haben, folgsam unter Mamas Federkleid sitzen zu bleiben. Der Bewegungsradius wird

Diese Küken dürfen noch ein paar Wochen bei Mama bleiben, denn in der Regel erfolgt die Abnabelung erst in der achten Lebenswoche.

Steinpiperl-Küken sollten den Schutz der Mutter genießen, denn Steinpiperl-Hennen führen ihre Küken oft nur fünf bis sechs Wochen lang, um schnell erneut brüten zu können.

Brahma-Hennen sind für ihre extrem lange Führzeit bekannt. Das Küken ist hier schon drei Monate alt und läuft noch immer mit der Glucke mit.

nun insbesondere bei den künftigen Hähnen immer größer, und sie sind meist auch die Ersten, die mal einen ausgedehnten Spaziergang ganz ohne Mamas schützende Nähe wagen. In der Natur weiß die Glucke instinktiv, wann der richtige Zeitpunkt für die Abnabelung der Jungtiere gekommen ist, und hört in der Regel nach etwa acht Wochen mit dem „Beglucken" der Sprösslinge auf. Sie kann dann durchaus aggressiv werden, wenn sie besonders aufdringliche Küken davon abhalten will, unter ihr wärmendes Federkleid zu schlüpfen. Damit die Jungtiere sich in dieser Zeit auch mal zurückziehen können bzw. sich sogar regelrecht vor der Mutter verstecken können, ist ein großzügiges Platzangebot sehr wichtig. Sorgen Sie für eine gute Strukturierung des Auslaufs und im Stall für einige Sichtblenden am Boden und eventuell auch zwischen den Sitzstangen. Wenn es gar nicht anders geht, müssen Sie die ehemalige Glucke möglicherweise sogar vorübergehend getrennt vom Nachwuchs unterbringen. Manche Hühnerrassen führen ihre Sprösslinge oft länger als die üblichen acht Wochen oder führen die Abnabelung nur „halbherzig" durch. Man konnte daher schon Hühner beobachten, denen die Küken selbst nach drei Monaten noch nachliefen. Für das umgekehrte Extrem stehen die österreichischen Steinpiperl-Hennen. Sie „entwöhnen" ihre Küken schon nach fünf bis sechs Wochen und schaffen es dadurch, gelegentlich bis zu vier Mal im Jahr zu brüten.

Wohin mit überzähligen Nachzuchten?

Halbwüchsige Hähne, wie dieser Ayam Serama, blicken häufig in eine ungewisse Zukunft. Man sollte sich so früh wie möglich um gute neue Plätze kümmern!

Dass es bei der Aufzucht von Küken, unabhängig davon, ob diese unter Naturbrut- oder Kunstbrutbedingungen leben, auch Verluste gibt, ist normal. Die Fortpflanzungsquote des Federviehs ist, wie Sie zu Beginn dieses Buches schon erfahren konnten, von Natur aus darauf ausgelegt, dass nur ein Teil der Küken überlebt. Sofern jedoch alles gut verläuft, hat man am Ende der Aufzuchtphase eine Schar gesunder Jungtiere großgezogen. Spätestens jetzt trägt man als Besitzer auch die Verantwortung dafür, überschüssige Tiere weiterzuvermitteln. Nur in den seltensten Fällen kann man den ganzen Nachwuchs selbst behalten. Während sich für legereife Junghennen der meisten Rassen recht einfach ein gutes neues Plätzchen findet, ist an der Suche nach guten Plätzen für die Hähne schon so mancher Anfänger verzweifelt. An Verkaufen ist oft gar nicht zu denken, man kann froh sein, wenn jemand einen Hahn geschenkt haben will. Auch hat sich die Lage in Bezug auf Tieranzeigen im Internet hierbei stark zuungunsten von privaten Hühnerhaltern und Hobbyzüchtern verschlechtert.

Die drei Küken im Vordergrund verraten in der vierten Lebenswoche deutlich, dass sie einmal Hähne werden, denn sie haben bereits übergroße Kämme entwickelt und verhalten sich neugieriger als ihre Schwestern.

Es ist als Nichtlandwirt auf vielen Seiten oft kaum noch möglich, lebende Tiere für die Weitervermittlung zu inserieren. Persönliche Kontakte sind daher vielleicht wieder wichtiger geworden als früher. Wer einem Geflügelzuchtverein beitritt, kann seine Nachzuchten an andere Vereinsmitglieder abgeben. Auch Selbstversorger nehmen zuweilen bereitwillig junge Hähne auf ihren Höfen auf, um sie zu mästen. Selbstverständlich, damit sie früher oder später im Kochtopf landen, aber bestimmt dürfen sie so zuvor ein schöneres Leben führen als die Masthähnchen in den großen Industrieställen. Könnten Sie damit leben, wenn eines Ihrer ehemaligen Küken auf dem menschlichen Teller landet? Ein Aussetzen der Tiere im Wald ist nämlich keine Option, wenn sie Ihnen einmal zu viel werden sollten, weil nicht an lebenslange Plätze vermittelbar …

Dank einer fürsorglichen Glucke entwickeln sich diese Pawlowskaja-Küken schnell und sind im Alter von drei Monaten bereits groß genug, um zu neuen Besitzern zu kommen.

In den ersten Lebenstagen der Küken fühlt sich auch die Glucke instinktiv wohler, wenn sie mit ihrem Nachwuchs sicher an einem ruhigen Plätzchen untergebracht ist.

Auf diesem Bauernhof bekommt jede Hühnerfamilie in der ersten Woche ihr eigenes kleines Abteil. Schon eine Woche später dürfen alle gemeinsam auf dem Hof frei herumlaufen.

Stall und Auslauf kükengerecht einrichten

Siehe Episode 142!

Hühner im Allgemeinen stellen keine schwer erfüllbaren Anforderungen an ihren Stall bzw. ihre Unterbringung. Als relativ robuste Vögel sind sie zufrieden, wenn ihr Stall neben Sitzstangen zum Schlafen, Legenestern für die Eiablage und Futterplätzen für die kulinarischen Gelüste auch noch ausreichend hell ist und etwas Platz zum Scharren auf der Bodenfläche bietet. Kälte und Minusgrade vertragen ausgewachsene Hühner relativ gut, nur stickige Luft und Zugluft bekommen ihnen schlecht. Bei Küken sieht es da schon anders aus, denn sie sind allein aufgrund ihrer geringeren Größe und ihres anfangs noch nicht vollständig entwickelten Immunsystems viel empfindlicher. Naturbrutküken genießen im Gegensatz zu Kunstbrutküken den enormen Vorteil einer Glucke, die sie bei Kälte und Gefahr unter ihr schützendes Gefieder nimmt und sie auch sonst in allen wichtigen Entscheidungen anleitet. Zumindest in der ersten Lebenswoche hat sich eine sichere Unterbringung aber auch für Hühnermütter mit ihrem Nachwuchs vielfach bewährt.

Das erste Heim für Henne und Küken

Eine gute Unterbringung für die erste Lebenswoche der Küken muss gar nicht groß sein. Wichtiger ist für den Anfang, dass sie Sicherheit gegenüber Katze, Marder und Co. bietet, zugluftfrei ist und trocken. Viele erfahrene Züchter halten ihre Hühnerfamilien darum in dieser Zeit einfach in umgebauten „Hasenställen", wo jede Glucke mit ihren Küken jeweils ein eigenes Abteil zugeteilt bekommt. Instinktiv mag die Glucke es, dass solche Unterbringungen nach oben hin begrenzt sind, denn die relativ nahe „Decke" gibt ihr das Gefühl von Sicherheit, quasi so, als befände sie sich mit ihren Küken in der Deckung des Unterholzes. Auf einer überschaubaren Fläche von ein bis zwei Quadratmetern können die Küken im Kükenheim ihre kleine Welt erkunden, ohne dass sie dabei die Möglichkeit haben, sich allzu weit von der Mutter zu entfernen. Für die Glucke bedeutet das weniger Stress mit dem Einsammeln des Nachwuchses. Neben dem Nest für die Nachtruhe, Futtergefäßen und Trinkgelegenheiten, muss das Kükenheim noch genügend Scharrraum für die Familie bieten. Auch eine Sandkiste fürs tägliche Staubbad kann man anbieten, wenn der Platz dafür ausreicht. Wer Glucke und Küken schon anfangs in einem raumhohen Stall unterbringt, kann das Bedürfnis nach Deckung von oben auch stillen, indem er Tannenreisig und Zweige von ungiftigen Laubgehölzen über dem Nest anbringt. So kann sich die Henne mit ihren Küken nach Bedarf unter das schützende Astwerk zurückziehen. Ähnlich machen es auch Tierpfleger in Zoos und Vogelparks mit den Brutnestern von Auerhuhn, Rebhuhn und Fasanen, die allesamt zu den Hühnervögeln zählen und ähnliche Instinkte haben.

Hasenstallähnliche Unterbringungen haben sich für die erste Lebenswoche der Küken hundertfach bei Hühnerhaltern bewährt.

Dieser abwechslungsreich mit Naturästen eingerichtete Gluckenstall ist groß genug, um den Küken auch nach der ersten Lebenswoche noch ein gutes Heim zu sein.

Was Küken und Glucke ab der zweiten Lebenswoche in ihrem Zuhause brauchen

Nach der ersten Lebenswoche sind die Küken nicht nur schon deutlich gewachsen, sondern haben auch einen stark erhöhten Bewegungsdrang. Die Glucke wird in einer zu beengten Unterbringung jetzt leicht unruhig, weil sie ihren Küken „die Welt" zeigen möchte. In ausreichend großen Ställen empfiehlt es sich, Sitzgelegenheiten und Klettermöglichkeiten anzubieten, denn die Küken werden schon bald versuchen, auf erhöhte Positionen zu flattern, und wollen ihre Flugmuskulatur trainieren. Spätestens jetzt sollten die Küken die Möglichkeit dazu bekommen, ein Staubbad bzw. Sandbad für die tägliche Gefiederpflege zu nehmen. Sie schauen sich zum einen von der Glucke ab, wie das gemacht wird, lernen zum anderen auch voneinander beim gemeinsamen „Synchron-Sandbaden". Das Allerbeste wäre für die Küken jetzt der tägliche Ausgang in ein grünes Freigehege, wo ihnen ihre Mutter allerlei Neues zeigen kann. Wie Sie so ein Außengehege für Henne und Küken einrichten können, möchte ich Ihnen anschließend schildern. Nicht wenige erfahrene Hühnerhalter lassen Glucken und Küken schon in dieser Lebenspha-

Spätestens ab der zweiten Lebenswoche wollen Küken regelmäßig ein Staubbad nehmen.

Früh kann man bei Küken beobachten, dass sie einen Drang zum Auffliegen auf erhöhte Positionen entwickeln.

Küken, die oft im Stall bleiben müssen, profitieren in ihrer Entwicklung sehr davon, wenn viel Tageslicht durch ein Fenster hereinkommt.

se bei schönem Wetter frei im Garten oder auf dem Hühnerhof herumlaufen. Die Besitzer vertrauen darauf, dass die Henne ihrer Beschützerrolle gerecht wird. Zumindest anfangs sollte das aber unter menschlicher Aufsicht geschehen, damit man zur Not eingreifen kann, falls sich herausstellen sollte, dass die Glucke keine gute Beschützerin ist. In aller Regel wird sie ihre Sache jedoch gut machen, gerade so, als wäre es das Natürlichste der Welt, und das ist es ja tatsächlich auch. Zielgerichtet scharrt sie im Laubstreu des Unterholzes allerlei Fressbares für die Küken zum Vorschein, zeigt den Kleinen, welche Kräuter und Gräser sie auf der Wiese zupfen sollen, und schlägt andere Hühner oder Katzen ebenso in die Flucht, wenn diese keinen respektvollen Sicherheitsabstand halten.

Auslaufgestaltung für Glucke und Henne

Die beste Lösung, um Glucke und Küken sicher verwahrt zu wissen, ist ein separater Auslauf für die Hühnerfamilie, der auch nach oben hin gegen Raubfeinde und Greifvögel abgeschirmt ist. Im Idealfall können die Tiere nach Belieben zwischen ihrem Stall und der Auslauffläche wechseln. Sollte dies nicht möglich sein, muss mindestens eine Unterschlupfmöglichkeit im Freigehege vorhanden sein, die Schutz vor Regen und Wind bietet. Fade, rechteckige Rasenflächen sind auf Dauer zu langweilig für den entdeckungsfreudigen Hühnernachwuchs. Sorgen Sie für Abwechslung, indem Sie den Freibereich mit Wurzeln, Steinen, Baumstämmen, kleinen Holzhütten, umgekehrten Tonblumentöpfen und anderen Sichtblenden ausstatten. Auch eine Bepflanzung aus ungiftigen Laubgehölzen, Nadelbäumen, Ziergräsern und Stauden sorgt für Strukturierung, Deckung und Schatten. Weil Glucken besonders viel und intensiv scharren, sollten Sie den Wurzelbereich der Pflanzen schützen, indem Sie Natursteine rund um sie herum auslegen. Ein Schutznetz, das man eventuell zur Absicherung nach oben hin über das Freige-

Für den ersten Ausflug müssen diese Ostfriesischen Zwerg-Möwen-Küken ihrer Steinpiperl-Leihmutter über eine lange Hühnerleiter folgen.

Der erste Ausflug ins Freie ist für die Küken voller neuer Eindrücke, aber zumindest Höhenangst haben sie in der Regel keine.

hege gespannt hat, kann zugleich auch prima als Rankhilfe für ungiftige Kletter- und Schlingpflanzen dienen, beispielsweise Schwarzäugige Susanne, Rosenkelch, Glockenrebe, Akebie und Weinrebe. Solche Gewächse können von außerhalb über den Hühnerzaun hochranken und sind so stets in Sicherheit vor scharrenden Hühnerfüßen und pickenden Schnäbeln. Sie beschatten das Gehege, sorgen für Deckung und sehen zugleich hübsch aus.

Schon ab der zweiten Woche erweitern Küken ihren Bewegungsradius in den vertrauten Zonen und hängen der Mutter nur noch dicht an den Fersen, wenn neues Terrain ausgekundschaftet wird.

Für diese Zwerghuhnfamilie hat sich ein katzensicheres Freigehege, mit Beschattung und Windschutz an der Seite, bestens als Tagesunterkunft bewährt.

Der erste große Ausflug in den „Happy Hühnergarten" war für die Küken meiner Superglucke Klara ein relativ entspannter Spaziergang, denn die anderen Hühner wurden vorsorglich weggesperrt.

Auch im Freigehege freuen sich Küken über Sitzgelegenheiten und eine Sandkiste zum Scharren und Staubbaden.

Für die psychische Entwicklung der Küken ist es kein Nachteil, wenn sie schon früh Kontakt zu anderen ausgewachsenen Hühnern haben.

Die Sozialisierung von Naturbrutküken

Siehe Episode 151!

Weil Küken sich grundsätzlich auch ohne Glucke und andere erwachsene Hühner künstlich ausbrüten und großziehen lassen, wird oft behauptet, sie lernen alles, was sie wissen müssen, instinktiv und brauchten keine Vorbilder. Forschungen über das Lernverhalten von Küken sowie über das Sozialverhalten der Hühner im Allgemeinen haben jedoch vielfach bewiesen, dass Küken schneller und nachhaltiger lernen, wenn sie eine Mutter als Vorbild haben, und dass sie außerdem im späteren Verlauf ihres Heranwachsens auch sehr von der Anwesenheit anderer erwachsener Tiere profitieren. Wichtige Regeln des Hühnersozialverhaltens, insbesondere rund um die Hackordnung, werden den Küken auch durch den Kontakt zu fremden Tieren vermittelt. Wenn Sie die Möglichkeit dazu haben, ihre Glucke samt Küken in eine bestehende Hühnergruppe zu integrieren, sollten Sie diese unter Umständen nutzen.

Den neugierigen Zwerghahn fürchtet die Ayam-Cemani-Glucke nicht, wodurch die Küken die Chance haben, ihn bei ihrem Ausflug kennenzulernen.

Dominante Hähne wissen durchaus zwischen Jungtieren und ausgewachsenen Gruppenmitgliedern zu unterscheiden und verhalten sich daher den Küken gegenüber sozial und nachsichtig.

Bei diesen Sundheimern zeigt sich auch der Hahn an den Küken interessiert und bewacht diese im Freilauf.

Die Rolle von Althähnen bei der Sozialisierung von Junghähnen

Besonders wichtig für eine gesunde psychische Entwicklung ist das Erlernen der sozialen Gepflogenheiten für junge Hähne, wenn diese später in einer Gruppe mit mehreren Hähnen leben sollen. Ein junger Hahn kann die wichtigsten geschlechtstypischen sozialen Gepflogenheiten während seines Heranwachsens nur unzureichend von den Hennen lernen, er braucht dafür den Kontakt zu mindestens einem ausgewachsenen Hahn. Gern denke ich in diesem Fall an die große Steinpiperl-Herdenzucht des niederösterreichischen Nutztierexperten Matthias Heigl, die mir durch regelmäßiges Beobachten

Steinpiperl werden oft in halbwilden Herdenzuchten vermehrt, wo schon mal mehrere Glucken ihre Küken gleichzeitig zwischen anderen ausgewachsenen Hähnen und Hennen aufziehen. Besser können Küken das arttypische Sozialverhalten nicht erlernen.

Kleines Bild: Dominante Hähne sind gegenüber halbwüchsigen Junghähnen oft erstaunlich tolerant und akzeptieren deren Nähe, solange sie sich unterwürfig verhalten.

Der Hahn unterstützt Muttertiere zuweilen dabei, wieder Anschluss an die soziale Gruppe zu finden.

immer wieder Aufschlüsse zu Fragen in dieser Hinsicht liefern konnte. Auf seinem Hof laufen zuweilen über hundert Küken mit ihren gewieften Steinpiperl-Glucken (auf den ersten Blick in einem heillosen Durcheinander) zwischen zahlreichen anderen Hähnen und Hühnern herum, und das alles seit vielen Jahren mit außerordentlich gutem Aufzuchterfolg. Die Junghähne werden von den Althähnen zurechtgewiesen, wenn sie sich nicht benehmen, und wachsen im Verlauf des Jahres langsam in die Gruppe hinein. Nach der Abnabelung von der Mutter zeigt sich, wie gut sie ihr arttypisches Sozialverhalten gelernt haben, denn nun ist es für sie überlebenswichtig, die stärkeren Hähne zu respektieren. Sie müssen diesen zuweilen aus dem Weg gehen, um Zoff zu vermeiden, oft genügt es zur Streitvermeidung aber auch schon, wenn sie sich unterwürfig zeigen und sich zurückhaltend benehmen. Das klappt dank ihrer hervorragenden Sozialisierung so gut, dass es nur äußerst selten zu ernsthaften Zwischenfällen kommt. Ganz anders sieht es aus, wenn Matthias sich zur Blutauffrischung im Hühnergarten Zuchthähne von anderen Steinpiperl-Züchtern holt. Sind die Neulinge nicht ebenfalls in einem funktionierenden Gruppenverband aufgewachsen, sondern stammen sogar aus einer Kunstbrut, sind verbissene Rangkämpfe mit den Alteingesessenen geradezu vorprogrammiert, und für Matthias ist es dann nahezu unmöglich, sie auf unblutige Art und Weise in die bestehende Gruppe zu integrieren. Da hilft dann selbst das großzügige Platzangebot auf dem großen Hühnerhof nicht, weil die Neuzugänge auch nicht gelernt haben, dass sie den anderen Gockeln aus dem Weg gehen müssen. Die Steinpiperl sind in ihren Verhaltensweisen so urig, dass man vieles über das Hühnersozialverhalten lernen kann, indem man sie beobachtet. Je mehr man bei dieser Rasse in die Gruppendynamik eingreift, umso mehr Probleme gibt es. Lässt man diese Hühner leben, wie sie es von Natur aus wollen, regelt sich hingegen vieles von selbst.

Schlichtende Althähne bei den Kämpferrassen

Den erzieherischen Einfluss ausgewachsener Hähne auf halbwüchsige Junghähne kann man mit etwas Glück bei allen Hühnerrassen beobachten, sehr deutlich ist er aber bei einigen klassischen Kämpferrassen bemerkbar. Die jahrhundertelange Selektion für Hahnenkämpfe bringt es mit sich, dass die Hähne vielfach schon im Kükenalter relativ aggressiv auftreten, und spätestens, wenn eine Kämpferglucke ihren Nachwuchs abnabelt, müssen die brüderlichen Raufbolde daher häufig getrennt voneinander weiter aufgezogen werden. Sie würden sich sonst gegenseitig buchstäblich bis aufs Blut bekämpfen. Abhilfe kann zuweilen die Anwesenheit eines alten erfahrenen Kämpferhahns schaffen. Nicht jeder Althahn eignet sich dafür, aber der eine oder andere geht, wenn er mit der Jugendgruppe zusammen gehalten wird, stets dazwischen, wenn irgendwo zu vehement gerauft wird. Bei einem meiner Besuche bei einem Kampfhuhnzüchter in Nordrhein-Westfalen durfte ich einen groß gewachsenen Malaien-Hahn erleben, der als Schlichter in einer Junggesellengruppe von Cubalayas, Tuzos und Shamos fungierte. Er erledigte diese Aufgabe so gut, dass es dem Züchter dadurch möglich war, die Junghähne gemeinsam großzuziehen, was letztlich zum Vorteil aller war, weil so alle gemeinsam eine große Auslauffläche nutzen konnten, anstatt in Isolationshaft auf beengtem Raum leben zu müssen. Man kann von den Kämpferrassen halten, was man möchte, aber was ihr Sozialverhalten anbelangt, schaffen sie es immer wieder zu verblüffen.

Auch die stattlichen Shamos zählen zu den Kämpferrassen, bei denen Althähne oft die Streite jüngerer Hähne schlichten.

Tipps für das Integrieren in die Gruppe

Wenn ich es jetzt geschafft habe, Sie davon zu überzeugen, dass eine Zusammenführung von Glucke und Küken mit der restlichen Gruppe sinnvoll sein kann, dann stellt sich nun als Nächstes selbstverständlich die Frage danach, wie Sie dabei vorgehen sollten. Vieles hängt hierbei von den anderen Hühnern, dem individuellen Charakter der Glucke sowie den räumlichen Gegebenheiten ab. Für den ersten Kontakt sollte die Glucke nur unter Aufsicht mal in aller Ruhe eine kleine Runde mit ihren Sprösslingen durch das Revier der anderen Hühner drehen dürfen. Dafür eignet sich die träge Mittagszeit recht gut, weil viele Hühner dann nach der vormittäglichen Hektik gerade eine ausführliche Ruhepause einlegen werden und daher vielleicht weniger auf Krawall gebürstet sind als sonst. Verläuft alles friedlich bzw.

Für den ersten Kontakt der Küken mit den anderen Hühnern empfiehlt es sich zunächst, wenn ein Gitter dazwischen ist. So können die Küken erst mal in Ruhe die Umgebung kennenlernen und wissen, wo Verstecke sind, wenn sie eventuell herumgescheucht werden.

Hier zeigen die Hühner auf der anderen Seite des Zauns kein besorgniserregendes Interesse an den Küken und eine Zusammenführung könnte klappen.

Werden Junghähne nach der Abnabelung von der Mutter in reinen Junggesellengruppen weiter großgezogen, ist viel Platz wichtig. Sitzgelegenheiten im Freigehege dienen als Zufluchtsorte, weil sich die Hähne auf den Stangen sitzend normalerweise nicht anspringen.

erweist sich „Mama Huhn" als aufmerksam und beschützerisch genug, können Sie solche Verwandtschaftsbesuche von Tag zu Tag länger zulassen. Schnell werden die anderen Hühner lernen, dass sie der Glucke nicht zu nahe kommen sollten. Wirkt alles entspannt, können Sie auch mal wegbleiben und den Dingen ihren Lauf lassen. Zumindest in der Nacht sollten Glucke und Küken aber zunächst noch getrennt von der restlichen Bande untergebracht sein, es sei denn, der Hühnerstall ist sehr groß und bietet genügend Ausweichmöglichkeiten. Ich selbst musste bei einer meiner eigenen Glucken einmal wochenlang einen Kompromiss in puncto Vergesellschaftung eingehen, weil zwar tagsüber im Freibereich alles friedlich verlief, jedoch allabendlich im Stall die Fetzen flogen. Die Glucke ging nämlich mit ihren Küken immer eine halbe Stunde vor den anderen Hühnern zu Bett und ließ dann kein anderes Huhn mehr den Stall betreten. Trotz fast zehn Quadratmetern Stallfläche sprang sie die anderen Hühner jedes Mal ärgerlich gackernd an, sobald diese durch das Hühnerloch hineinschlüpfen wollten. Es blieb mir nichts anderes übrig, als Glucke und Küken jeden Abend vorsorglich zu separieren, denn nur so konnten auch die anderen Hühner in Ruhe die Nacht im sicheren Stall verbringen. Was für eine Erleichterung war das, als die Küken schließlich im Alter von fünf Wochen nicht mehr unter dem Gefieder ihrer Mutter schlafen wollten, sondern stattdessen lieber auf die Sitzstangen der anderen Hühner flogen, um dort zu nächtigen. Die Glucke folgte ihren Sprösslingen und flog ebenfalls auf die Stangen. Dort, in luftiger Höhe, vertrug sie sich auch wieder besser mit den anderen Hühnern, und endlich war all mein Federvieh wieder zu einer großen harmonischen Gruppe vereint!

Generell empfiehlt es sich während der Integrationsphase, vorübergehend im Hühnerauslauf für zusätzliche Sichtblenden und Verstecke zu sorgen. Dabei können belaubte Naturäste sehr hilfreich sein, die man mindestens einen Meter lang schneidet und in einer offenen Grünfläche in beliebiger Anordnung aufstecken kann. Ich verwende hierfür besonders gern Haselnussäste, weil diese sehr geradlinig wachsen und sich leicht zuspitzen und in die Erde stecken lassen.

Hennen schonend entglucken

Aus verschiedensten Gründen kann es mal sein, dass man ein brutwilliges Huhn entglucken muss. Zum Beispiel, wenn die Tiere zu früh im Jahr oder zu spät im Jahr gluckig werden, also der Zeitpunkt für die Kükenaufzucht gerade ungünstig ist, oder wenn man schlichtweg keine weiteren Küken mehr haben möchte. Dass die Glucke, während sie in Brutlaune ist, wie ferngesteuert ist, wissen Sie bereits. Nun gilt es das Tier auf möglichst tiergerechte Art und Weise aus seiner „Trance" zu erwecken. In alten Hühnerbüchern, aber leider auch bei Recherchen im Internet, stößt man schnell auf Tipps, die für das Tier eher eine Zumutung darstellen. Jemand aus meinem Bekanntenkreis hat eine Methode aus dem Internet ausprobiert, bei der es hieß, man soll die Glucke mit dem Unterkörper in kaltes Wasser tauchen, denn durch den Schock und die Kälte würde das Tier dann mit dem Brüten aufhören. Geschockt dürfte die arme Henne davon tatsächlich gewesen sein, und mit dem Brüten hat sie auch aufgehört, aber durch die Prozedur hat sie sich eine Erkältung zugezogen, an der sie beinahe verendet wäre. Von solchen Vorgehensweisen halten wir „happy Hühnerhalter" also klarerweise nichts, denn das Wohl des Tiers sollte nach Möglichkeit im Vordergrund stehen.

Zwerg-Wyandotten und Seidenhühner kommen häufig schon im Winter in Brutlaune, was den meisten Hühnerhaltern zu früh ist. Entglucken ist also angesagt.

Die sanfte Methode, um Hennen zu entglucken

Um ein Huhn zu entglucken, ohne ihm gleichzeitig aktiv Schaden zuzufügen, hat es sich bestens bewährt, das Tier einfach tagsüber aus dem Stall auszusperren. Es hat somit keinen Zugang zum Legenest und kann die Eier nicht weiter bebrüten. Damit die anderen Hühner gleichzeitig nicht auch ausgesperrt sind, sollte man für die Glucke hierfür ein eigenes kleines Gehege oder einen separierten Bereich des Haupthühnergeheges zur Verfügung haben. Selbstverständlich muss das Tier dort auch Wasser, Futter und Unterschlupf vor der Witterung vorfinden. In der Nacht darf der „Isolationshäftling" dann aber wieder in den Stall, und clevere Hühnerhalter setzen ihn hierbei erst wenn es dunkel ist gezielt direkt auf

Hennen, die relativ spontan mit dem Brüten angefangen haben, lassen sich meist auch relativ schnell wieder entglucken – durch schlichtes Wegsperren vom Legenest.

Meine Zwerg-Wyandotte Amanda muss regelmäßig aus Stall und Auslauf ausgesperrt werden, weil sie immer wieder glucken möchte. Als Belohnung darf sie dann dafür ausnahmsweise auch mal in den Blumenbeeten scharren.

eine der Sitzstangen. Das soll verhindern, dass die „Gluckanwärterin" sich zum Schlafen bzw. Weiterbrüten wieder auf das Nest zurückbegibt. Hühner können im Dunkeln nämlich nicht gut sehen, und so ist die Henne dazu gezwungen, auf der Sitzstange zu bleiben. Die meisten Hennen lassen das Glucken wieder, wenn Sie diese Vorgehensweise zwei bis drei Tage hintereinander wiederholen. Dass alles wieder normal ist, erkennen Sie als Erstes daran, dass das Huhn die typischen Glucklaute nicht mehr länger von sich gibt und wieder wie gewöhnlich zu scharren und zu fressen anfängt.

Allgemeine Maßnahmen, um Hühner vom Glucken abzuhalten

Obwohl einige Hühner schon auf einem einzelnen Ei sitzen bleiben würden, werden die weitaus meisten Hühner erst durch den Anblick eines vollen Nestes mit mindestens fünf bis acht Eiern dazu animiert, brüten zu wollen. Sammeln Sie die gelegten Eier daher täglich ein, um solche optischen Anreize zu unterdrücken. Helfen können auch spezielle Legenester, bei denen das Ei abrollt. So sieht das Huhn sein gelegtes Ei nach dem Legevorgang nicht. Auch eine dicke Einstreu aus Dinkelspelzen in den Legenestern hilft, denn das Ei versinkt darin, die Henne kann es daher nicht mehr in eine ideale Position zum Bebrüten bringen und verliert dadurch das Interesse. Auch die Fütterung kann die Brutwilligkeit der Tiere beeinflussen. Je mehr tierisches Protein die Hühner bekommen, desto eher wollen sie brüten. Das liegt an den Naturinstinkten, denn in der Wildnis müssen Küken zu einer Zeit schlüpfen, in der sie viel Powernahrung für das Aufwachsen vorfinden, also in der es viele Insekten, Würmer und Ähnliches gibt. Letztlich gibt es auch schlichtweg Hühnerrassen, die regelrechte „Brutmonster" hervorbringen und genetisch darauf programmiert zu sein scheinen, ständig brüten zu wollen. Hält man beispielsweise Hennen der Rassen Seidenhuhn, Steinpiperl, Zwerg-Cochin oder Zwerg-Wyandotte, sollte man von Anfang an ein Séparée bei der Anlage des Hühnergeheges mit einplanen, dann hat man es später leichter. Glucken werden sie bei solchen Rassen nämlich immer wieder haben, und es ist keine gute Option, die Tiere einfach wochenlang auf unbefruchteten Eiern oder Gipseiern weiterbrüten zu lassen. Das sinnlose Brüten ist für das Tier kräfteraubend und zudem ein gesundheitliches Risiko, etwa weil brütende Hennen öfter von Kalkbeinmilben befallen werden.

Diese Einstreu aus Dinkelspelzen sorgt in den Legenestern dafür, dass die Eier nach der Ablage versinken. Die Animation zum Brüten ist somit geringer.

Kükenfütterung unter den Gesichtspunkten der Happy-Huhn-Philosophie

Siehe Episode 82!

In der kommerziellen Kükenaufzucht wird die Kükenfütterung sehr ausgeklügelt und berechnend betrieben. Die Tiere bekommen in jedem Alter Fertigfutter, das auf den ersten Blick genau auf ihre Bedürfnisse zugeschnitten ist, bei näherer Betrachtung aber nur zu möglichst guten Wachstumsquoten mit möglichst geringem Kostenaufwand führen soll. Mastküken setzen so in wenigen Wochen kiloweise Muskelfleisch an und werden noch im Kükenalter schlachtreif, während die Küken von Legehybriden frühreif werden und viel zu zeitig in ihrem Leben mit dem Eierproduzieren beginnen. Dass ich nicht darauf aus bin, Ihnen beizubringen, wie Sie Ihre Küken fütterungstechnisch zu solchen Höchstleistungen in puncto Entwicklung anspornen können, dürfte Ihnen sicher bereits klar sein. Meine Philosophie ist auch hier wieder eine andere. Anstatt die Vorgehensweisen der wissenschaftlichen Nutztierfütterung zu kopieren, möchte ich Ihnen raten, den tiergerechten Weg zu gehen. Da Sie in der natürlichen Kükenaufzucht so füttern müssen, dass das Futter für Küken und Glucke gleichermaßen angemessen ist, ist es ohnehin nicht möglich, Küken gezielt zu füttern. Abwechslungsreich füttern ist unter Naturbrutbedingungen also der beste Weg, um gesunde Küken großzuziehen. Wenn eine einseitige, auf nur wenige Futterarten beschränkte Fütterung von vornherein vermieden wird, werden Mangelerscheinungen ebenso wenig auftreten wie Entwicklungsfehler im Knochenaufbau oder in der Gefiederbildung.

Die Henne zeigt dem Küken den speziellen „Kükenstarter" für die ersten Tage. Machen Sie sich keine Gedanken, wenn sie auch etwas davon frisst.

Der Kükenkorn-Sack wird hier von der Kükenschar neugierig begutachtet. Ob das wohl schmeckt?

Was die Küken fressen, bestimmt anfangs die Glucke, denn nur was sie aufzeigt, wird von den Küken angepickt.

Im Grunde genommen sind auch Küken, so wie die ausgewachsenen Hühner, Allesfresser und können eine Vielzahl von Futterarten aufnehmen, wenn sie kükengerecht dargeboten werden.

Was Küken fressen dürfen

Küken können schon in der ersten Lebenswoche fast alles fressen, was auch ausgewachsenen Hühnern schmeckt. Es muss nur alles so angeboten werden, dass die kleinen Kükenschnäbel es problemlos aufnehmen können. Ausnahmen von dieser Regel, finden Sie von mir am Ende dieses Kapitels aufgelistet. Es ist nun, wie schon ganz am Anfang dieses Buches, mal wieder Zeit, einen kurzen Blick auf die Lebensweise von Wildhühnern zu werfen. Wildhühner und somit auch Wildhuhnküken sind ihrer Art entsprechend als Allesfresser einzustufen und ernähren sich in der Natur keineswegs so „getreidelastig", wie es bei Haushühnern üblich ist. Sie finden in ihren natürlichen Lebensräumen sogar nur vergleichsweise wenig Körner- bzw. Samenkost vor. Die Basis ihrer Ernährung stellen Blätter und Knospen von verschiedenen Pflanzenarten sowie Insekten, Würmer und andere Wirbellose dar. Schon diese Mischung allein ist sehr facettenreich und sorgt für Abwechslung, aber die wilden Hühner nehmen daneben auch Früchte und Beeren sowie weit ungewöhnlichere Dinge wie Erde, Steinchen, Lehm und Holzstückchen gezielt auf. Glucken, die ihre Küken in der Wildnis großziehen, haben also die Möglichkeit, ihren Nachwuchs abwechslungsreich zu ernähren, und wissen instinktiv sowie aus Erfahrung, was sie ihrem Nachwuchs alles an Fressbarem zeigen müssen, damit dieser nährstoffreich und gehaltvoll verköstigt ist. So wie wilde Küken fressen auch Naturbrutküken in Gefangenschaft anfangs ausschließlich das, was ihre Mutter ihnen zeigt. Auch die beste Haushuhnglucke kann ihre Sprösslinge aber nur dann auf eigene Faust abwechslungsreich ernähren, wenn sie viel Freilauf in einem reich strukturierten naturnahen Gebiet hat. In den weitaus meisten Fällen ist das nicht möglich, und es obliegt daher allein der Verantwortung des Halters, darauf zu achten, dass Glucke und Küken Abwechslung auf ihrem Menüplan vorfinden.

Selbst hergestelltes Zusatzfutter ist meist sowohl für die Ernährung der Küken als auch für die Stärkung der Bruthenne eine wahre Bereicherung.

Futtermischungen aus dem Sack – das Basisfutter und seine Darbietungsformen

Eine Kombination aus selbst hergestellten Futterarten und Kükenfuttermischungen aus dem Sack bewährt sich nach meinen Erfahrungen bestens für die umfassende Versorgung des Nachwuchses. Für die ersten drei Lebenswochen empfiehlt sich sogenannter „Kükenstarter" als Basisfutter, der eine günstige Zusammensetzung aus Nährstoffen, Eiweißen und Mineralien hat, um das sehr rasche Anfangswachstum zu unterstützen. Von Anfang an kann man als Ergänzung zum Kükenstarter schon geschrotetes Getreide (Kükengrütze) und allerlei Frischfutter reichen. Ab der vierten Lebenswoche wird der Kükenstarter als Grundfutter durch Kükenaufzuchtfutter bzw. Kükenalleinfutter ersetzt. Von der Bezeichnung „Alleinfutter" halte ich nicht viel, da es auch in dieser Lebensspanne wieder sinnvoll ist, wenn so viel abwechslungsreiches Zusatzfutter wie möglich angeboten wird. Allein schon um der Glucke willen, weil es dieser nicht gut bekommen würde, wenn sie wochenlang nur noch Kükenfutter frisst. Wie lange man das „Kükenalleinfutter" verfüttert, ist unterschiedlich. Manche Züchter füttern es bis zum dritten Lebensmonat, andere sogar bis zur Legereife. Keinesfalls sollte man jedoch, um Kosten zu sparen, schon frühzeitig damit beginnen, den Jungtieren Legemehl oder andere spezielle Futtermischungen für Legehennen zu geben. Das kann nämlich dazu führen, dass die Tiere frühreif werden, und auch mangelhafte Gefiederbildung sowie Schäden im Knochenaufbau verursachen. Futtermischungen werden, unabhängig davon, ob sie nun für Küken, Junggeflügel, Legehennen oder Masttiere entwickelt wurden, in unterschiedlichen Darbietungsformen hergestellt. Weil die Tiere bei bunten Mischungen mit ganzbelassenen Körnern gern zu sehr selektivem Fressen neigen, bevorzugen viele Hühnerhalter geschrotetes Futter oder Pellets. Pellets gibt es auch speziell für Küken in klein gepresster Ausführung. Häufig enthalten Pellets neben Getreidearten auch noch Mineralstoff- und Grünfutterkomponenten, weshalb sie meiner Meinung nach eine Überlegung wert sind.

Links: Pellets sind heute in der Hühnerfütterung sehr verbreitet, und es gibt auch spezielle für die Kükenaufzucht, die feinkörniger sind. **Mitte:** Mit derart groben Mischungen tun sich junge Küken und Zwerghuhnküken mit einigen Anteilen schwer beim Fressen. **Rechts:** Diese Mischung aus Pellets, ganzen Körnern und geschroteten Komponenten ist zwar abwechslungsreich, führt aber schon bei den Küken schnell zu selektivem Fressverhalten. Vermutlich bleiben die Pellets übrig. Pflanzenöle darin runden ihre Ernährung ab.

Frischfutter, wie dieser Feldsalat, kann auch extra in Töpfen gezogen werden, die man dann einfach zum „Abernten" in das Gehege von Glucke und Küken stellt.

Der Ausflug in den Johannisbeerstrauch bleibt nicht ohne Folgen, denn fressen die Küken zu viel von diesen roten „Vitaminbomben", bekommen sie Durchfall.

Frischfutter – Gemüse, Obst, Grünschnitt und Co.

Aus mir unerklärlichen Gründen haben viele Hühnerhalter fast panische Angst davor, Frischfutter an kleine Küken zu verfüttern. „Davon bekommen sie nur Durchfall", oder: „Das vertragen die in dem Alter noch überhaupt nicht", sind gängige Meinungen dazu. Selbstverständlich wird der „Stuhlgang" weicher, wenn Tiere viel Grünfutter fressen, das ist bei fast allen Tierarten so, aber deswegen den Küken die positiven Inhaltstoffe vieler Frischfutterarten zu verwehren, halte ich für falsch. Man kann Küken an jede Frischfutterart anfangs sacht gewöhnen, dann kommt auch ihre Verdauung leichter damit nach, sich auf die neue Nahrung einzustellen. Wurzelgemüse wie Karotte, Pastinake, Rote Bete und Futterrübe eignen sich für den Anfang in geriebener Form besonders gut. Blattspinat, Feldsalat, Löwenzahnblätter, Luzerne und andere Wildkräuter dürfen ebenfalls von den Küken probiert werden, sobald diese nach dem Schlupf etwas zu Kräften gekommen sind. Beeren und Apfelstückchen sollten wegen des Fruchtzuckergehalts erst ab der zweiten Lebenswoche in moderaten Mengen gereicht werden. Etwas Vorsicht ist bei Kohlgewächsen wie Brokkoli, Grünkohl und Rosenkohl geboten. Sie können blähend wirken und sollten daher anfangs ebenfalls nur in kleinen Mengen verfüttert werden. Wenig sinnvoll sind auch die Standardkopfsalate, weil sie bei den Küken tatsächlich Durchfall verursachen können und zudem im Vergleich zu Feldsalat, Löwenzahn oder Blattspinat relativ arm an wertvollen Inhaltsstoffen sind. Eine Glucke, die sich mit ihren Küken frei in einem Garten oder auf dem Gelände eines Bauernhofs bewegen darf, wird ihren Küken ohnehin beibringen, Grünfutter von der Wiese zu fressen. Verzichten Sie also bitte nicht auf die Vorzüge der frischen Futterarten bei der Kükenaufzucht!

Tierische Proteine für Allesfresserküken

Da Hühnerküken in der Natur relativ viel tierisches Protein in Form von Insekten, Regenwürmern etc. zu sich nehmen, stellt sich die Frage, ob man den Küken der domestizierten Hühner nicht auch gezielt tierische Eiweißlieferanten zufüttern sollte. Tatsächlich kann man das in Form von getrockneten Mehlwürmern oder Bachflohkrebsen sehr gut tun. Da die Küken in der Regel aber auch über

Getrocknete Mehlwürmer sind bei Jung und Alt eine beliebte Proteinquelle, die sich auch dafür eignet, Küken anzulocken und handzahm zu machen.

Obwohl auch lebende Mehlwürmer gern vom Federvieh gefressen werden, haben sich in der Praxis getrocknete bewährt. Man kann sie besser aufbewahren und preiswerter in großen Mengen erwerben.

den Kükenstarter oder bestimmte Grünfutterarten wertvolle Eiweiße aufnehmen, sollten Mehlwürmer und Co. nicht in Unmengen verfüttert werden. Sie sind am besten als Leckerbissen für zwischendurch geeignet, zum Beispiel, um die Küken zahm zu machen und ihnen beizubringen, aus der Hand zu fressen. Auch skeptische Glucken führen ihre Kükenschar für die Freuden einer Handvoll getrockneter Mehlwürmer an die Menschenhand heran. Andere Lieferanten von tierischen Proteinen für Küken können auch gewisse Milchprodukte wie Quark oder Naturjoghurt sein. Man kann mit anderen Futterarten wie geriebenen Karotten und Haferflocken vermischen. Nie dürfen Küken jedoch reine, unverarbeitete Milch angeboten bekommen, denn diese wird von ihnen zwar gewiss getrunken, ist aber absolut schädlich für ihre gesamte Verdauung!

Kochfutter und Essensreste vom Teller

Ein Highlight für alle Hühner ist Kochfutter wie Naturreis, Spaghetti und Ebly (vorgegarter Weizen). Viele Hühnerhalter machen ihren gefiederten Lieblingen daher regelmäßig die Freude und kochen dergleichen speziell für sie. Auch Küken mögen Kochfutter und stürzen sich bei regelmäßigen Gaben schon bald ähnlich schnell auf diese Futterarten wie das Muttertier. Ich möchte aber dennoch davor warnen, zu große Mengen an

Dieses Kochfutter aus gegartem Sonnenweizen und Wildkräutern wurde speziell für die Küken zubereitet.

Küken lieben Reis, sollten ihn aber nicht „nackt“ serviert bekommen, sondern stets mit anderen wertvollen Futterarten vermengt, wie hier mit Rübenschnitzeln und Kräutern.

Alles, was schon mal auf dem menschlichen Teller war, sollte nur dann an den Hühnernachwuchs verfüttert werden, wenn es von den Inhaltsstoffen her unbedenklich ist, also keine scharfen Soßen, Gewürze oder gar Fleischreste beinhaltet.

Kochfutter an den Nachwuchs zu verfüttern, denn obwohl dieses sehr beliebt ist, ist es nicht immer sonderlich nahrhaft. Durch das Kochen geht auch viel verloren. Um eine ausgewogene Ernährung zu gewährleisten, mischen Sie Reis oder Ebly immer mit geriebenem Gemüse, Kräutern oder feinen Sämereien wie Kanariensaat, Mohn und Hirse. Auch gehackte Zwiebel darf zuweilen beigemengt werden, beispielsweise wenn Sie erkältete Küken unterstützen möchten. Vorsicht ist auch bei Essensresten von menschlichen Mahlzeiten geboten. Alles, was schon mal auf dem Menschenteller war, sollte nur wohlüberlegt an Haus- und Nutztiere weitergereicht werden. Verfüttern Sie keine Reste von extrem salzigen, scharfen oder überwürzten Speisen an Ihr Federvieh!

Trinkwasser kükengerecht darbieten

So wie ausgewachsene Hühner, wollen auch Küken, vielmals über den ganzen Tag verteilt, Flüssigkeit in Form von sauberem Trinkwasser aufnehmen. Obwohl anfangs vornehmlich die Glucke bestimmt, wann die Küken trinken, indem sie sie zur Wasserstelle führt, sind Küken klassische Impulstrinker bzw. Gelegenheitstrinker. Da heißt, sie werden zuweilen allein schon durch den Anblick des glitzernden Wassers zum vermehrten Trinken motiviert. An heißen Sommertagen sollten Sie daher, sofern sich Küken und Glucke auf einem großen Gelände bewegen dürfen, an mehreren verschiedenen Stellen Trinkwasser anbieten, damit gewährleistet ist, dass die Familie immer ausreichend trinkt, weil schlichtweg genug Anreiz dafür gegeben ist. Trinkschalen und Wasserspender sind so zu platzieren, dass die kleinen Küken ungehindert trinken können, und sie dürfen auch nicht zur Todesfalle für Küken werden. In großen, hochrandigen Wasserschalen ist schon so manches Küken ertrunken!

Alternativ eignen sich flache Blumenuntersetzer für den Anfang daher besser, oder eben spezielle Kunststoffwasserspender, wie sie der Fachhandel extra anbietet. Über das Trinkwasser kann man Küken übrigens die positive Wirkung von Heilkräutern zukommen lassen. Abgekühlter Kamillentee ins Trinkwasser gemischt, kurbelt die Verdauung der Küken an. Lesen Sie mehr dazu im Kapitel „Heilpflanzen für Küken und Junggeflügel selbst anbauen“ (s. Seite 64).

Trinkgefäße müssen so beschaffen sein, dass sie nicht zur Todesfalle für die Küken werden können. Flache Blumenuntersetzer werden in der Praxis viel verwendet.

Schon die Küken picken gern spezielle Mineralfuttermischungen auf und wissen instinktiv, was ihnen guttut.

So kann eine abwechslungsreiche, qualitativ hochwertige Mineralfuttermischung aussehen.

Steine, Erde, Rinde und Mineralien

Hühner brauchen Steine und Quarzsand für ihre Verdauung, weil die Steine im Muskelmagen beim Zerkleinern der Nahrung helfen. Sie nehmen diese im Freilauf daher gezielt auf. Erde, Lehm, Holzstückchen und Rinde werden gelegentlich gefressen, weil sie bindend und neutralisierend wirken, wenn die Tiere zu viele giftige Pflanzenteile gefressen haben. Schon Küken können dabei beobachtet werden, wie sie derart ungewöhnliches Material gezielt aufpicken, weshalb es gut wäre, wenn Sie zumindest eine gute Mineralfuttermischung, speziell für Rassegeflügel, anbieten. Solche Mischungen gibt es fertig im Handel und sie beinhalten beispielsweise Muschelschalen, Quarz- und Rosensteine, Korallenalgen und allerlei anderes, das schon den Küken bei Verdauung, Knochenaufbau und Federbildung hilft.

Viele Hühnerhalter sammeln gern die Eierschalen von ungekochten Eiern, die in der Küche Verwendung fanden. Klein gedrückt und gut getrocknet, dürfen sie sowohl von den ausgewachsenen Hühnern als auch vom Junggeflügel gefressen werden, weil sie wertvolles Kalzium liefern. Dass die Schalen gut ausgetrocknet sind, ist wichtig, um eventuellen Übertragungen von Salmonellen entgegenzuwirken.

Ein gehaltvolles Futterrezept für „Happy Küken“ und „Happy Glucken“

Zum Abschluss des Futter-Kapitels möchte ich Ihnen noch ein Rezept für eine altbewährte, selbst gemachte Futtermischung mit auf den Weg geben, die man den Jüngsten regelmäßig als Ergänzung zum handelsüblichen Aufzuchtfutter anbieten kann. Sie deckt mit nur wenigen Grundprodukten alles Nötige ab und besteht im Wesentlichen aus Brennnesseln, Karotten, Haferflocken und hart gekochten Eiern.

Die Brennnesseln werden klein gehäckselt oder geschnitten, die Karotten gerieben und die Eier hart gekocht und zerstampft. Nun werden alle diese Zutaten miteinander vermischt. Kleine Abweichungen spielen hierbei keine Rolle. Wichtig ist hingegen die wohldosierte Zugabe der fünften Komponente, denn als „Tüpfelchen auf dem i“ gibt man nun noch einen Teelöffel Bierhefe dazu. Die Bierhefe ist eine eiweißreiche Zusatznahrung und fördert zudem die Gefiederbildung, weil sie maßgebende Aminosäuren beinhaltet, die man über andere Futtermittel nur schwer in so günstiger Konzentration bekommen kann. Auch die Glucke profitiert von der Ausgewogenheit dieser Mischung sehr und kann sich gut von den Brutstrapazen erholen, wenn sie regelmäßig davon frisst.

Verfüttern Sie diese Mischung stets frisch und entfernen Sie regelmäßig Reste, die länger als drei bis vier Stunden bei den Tieren stehen, insbesondere bei warmer Witterung!

Die Rezeptur für dieses Kükenfutter stammt von der Großmutter eines befreundeten Hühnerzüchters, und seit ich sie in einem YouTube®-Video weitergegeben habe, erhalte ich regelmäßig Rückmeldungen von Hühnerhaltern, die sie mit Erfolg bei ihren Nachzuchten eingesetzt haben und begeistert von dessen Gesundheitszustand sind. Es ist schön, wenn altes Wissen auch heute noch nützlich sein kann.

Zutaten für ca. zehn Küken mit Glucke:

- 1 große, geriebene Karotte
- 1 Handvoll gehäckselte Brennnessel
- 2 hart gekochte, zerdrückte Eier
- 1 Handvoll Haferflocken
- 1 Teelöffel Bierhefe

Brennnesseln sind ein guter Eiweißlieferant und die vielleicht ungewöhnlichste Zutat meines Lieblingskükenfutters zum Selbstmachen.

Zerhackte Brennnessel, gekochtes Ei, geriebene Möhre, Haferflocken und Bierhefe ergeben eine starke Kombination für die Ernährung des Junggeflügels.

Das selbst gemachte Kükenfutter dürfen Küken schon ab der ersten Lebenswoche als Zusatznahrung bekommen.

Futterpflanzen für Küken und Junggeflügel selbst anbauen

Siehe Episode 119!

Wer in seinem Garten Platz für die Hühnerhaltung findet, hat zumeist auch ausreichend Platz, um selbst verschiedene Futterpflanzen anzubauen, die den Menüplan des lieben Federviehs täglich ergänzen können. Selbstverständlich ist das Heranziehen von Nutzpflanzen nicht jedermanns Sache, aber eines sollte Ihnen bewusst sein: Nachhaltigeres und wertvolleres Futter als jenes, das Sie selbst für Ihre Tiere angebaut haben, werden Sie nur schwer irgendwo finden. Viele Gemüsesor-

Rechts: In den sommerlichen Nutzgarten führt die Glucke ihre Kükenschar gern, denn hier findet sich immer etwas Fressbares.

Rechts unten: Futterpflanzenbeete für Hühner müssen nicht immer total ordentlich sein. Hier sprießen Ringelblume, Buchweizen, Sonnenblume und Gartenmelde zwischen Kohlgewächsen und rotem Romanasalat.

Bild unten: Ich finde es ungemein praktisch, dass der Gemüsegarten bei mir direkt an den Hühnerauslauf grenzt. Hier wachsen im Frühsommer schon diverse Salate, Möhren und Kräuter.

ten sind zudem erstaunlich leicht anzubauen und belohnen ernsthafte Versuche zuverlässig mit Erfolg. Es gibt sogar Nutzpflanzen, die unter gewissen Voraussetzungen direkt im Hühnergehege oder am Hühnerzaun wachsen können. Im Folgenden finden Sie eine bunte Mischung an Empfehlungen von mir, die es Ihnen ermöglichen, ihre gefiederten Schützlinge schon von den ersten Lebenstagen an gesund und abwechslungsreich zu ernähren.

Rotlaubige Sorten vom Blattsalat sind besonders gesund, denn sie beinhalten zum Beispiel wertvolle Anthocyane und weniger Nitrate.

Salate und Kohlgewächse

Dass Hühner regelrechte „Salattiger" sein können, dürfte vielen Hühnerfreunden hinlänglich bekannt sein. Wirft man einer Truppe von Legehennen einen Salatkopf über den Zaun, so wird dieser regelrecht zerpflückt, und zehn Minuten später ist womöglich nur noch der feste Strunk übrig. Küken aus der Kunstbrut verschmähen Salat anfangs häufig oder probieren nur zaghaft von den unbekannten grünen Blättern. Naturbrutküken bekommen von ihrer Mutter beigebracht, was sie fressen sollen, und wenn diese gern Salat verzehrt, werden sie es ihr daher schon in der ersten Woche gleichtun. Nicht alle Salatarten sind jedoch gleichermaßen wertvoll für die Kükenfütterung. Die diversen Sorten des einfachen Gartensalats

Feldsalat gehört zu den gesündesten Salatarten für Küken überhaupt und kann über einen großen Teil des Gartenjahrs hinweg geerntet werden.

Die klassischen Tafelblattsalate sind zwar gesund, werden aber für die Kükenernährung oft überbewertet.

Dass sie die Grünkohlblätter ruhig fressen dürfen, zeigt diese Cemani-Glucke ihren zehn Tage alten Küken sofort.

Grünkohl wird erst im Herbst oder Winter so richtig interessant, denn er schmeckt dem Geflügel besser nach den ersten Frösten. Ich lasse diese Pflanzen immer bis weit in den Winter stehen.

(*Lactuca sativa*) wie etwa Butterhäuptel, Eichblattsalat, Eisbergsalat, Pflücksalat und Römersalat, sind zwar durchaus gesund, aber dennoch weniger reich an wertvollen Inhaltsstoffen, als allgemein oft angenommen wird. Da sie bei übermäßigem Verzehr bei Hühnervögeln außerdem Durchfall verursachen können, würde ich Sorten aus dieser Gruppe erst nach der dritten Lebenswoche in moderaten Mengen für die Verfütterung an das Junggeflügel zum Einsatz bringen. Deutlich mehr Vitamine, Ballaststoffe und Mineralstoffe finden sich in Feldsalat (*Valerianella locusta*), in Österreich auch Vogerlsalat genannt, und Blattspinat (*Spinacia oleracea*); beide können an Glucke und Küken von Anfang an verfüttert werden. Meine Empfehlung ist es ohnehin, dass Sie zunächst mit möglichst vielen verschiedenen Sorten experimentieren. Finden Sie heraus, was in Ihrem Nutzgarten gut gedeiht und was Ihren Tieren schmeckt. Alle Salatarten sind vergleichsweise schnellwüchsig und „anfängerfreundlich“ im Anbau.

Die verschiedenen Sorten von Kopfsalaten werden klassischerweise in Abständen von 20 bis 25 cm als Setzlinge im sonnigen Gemüsebeet angepflanzt. Feldsalat und Blattspinat werden am besten reihenweise durch Direktsaat angebaut. Während Letztere sehr frostverträglich sind und daher bis weit in den Herbst hinein nachwachsen und geerntet werden können, baut man Kopfsalate in der Regel von April bis Juli an und steigt danach auf alternative Salate um, wie Endiviensalat und Radicchio.

Für die frostigen Wintermonate empfehle ich als Salatersatz gern den Grünkohl (*Brassica sabellica*) für die Hühnerfütterung. Er wird im Mai angepflanzt und bildet bis zum Winter riesige palmenartige „Schirme" mit bis zu 80 cm Durchmesser und einem Meter Höhe. Den ganzen Winter über kann man dieses imposante Wintergemüse im Nutzgarten stehen lassen, denn es ist sehr wintergrün und sehr frostbeständig. Blatt für Blatt kann man Grünkohl im Dezember, Januar und Februar für das Geflügel ernten und verfüttern. Er hat eine ausgesprochen günstige Bioverfügbarkeit von Kalzium im Vergleich zu anderen Gemüsearten. Das hilft nicht nur ausgemergelten Legehennen wieder auf die Beine, sondern unterstützt auch gestresste Glucken nach dem Brutgeschäft. Für die Jungtiere ist Kalzium besonders wichtig für den Knochenaufbau und die Gefiederbildung. Grünkohl braucht mehr Platz als Salat und hat einen höheren Nährstoffbedarf als dieser. Am besten arbeiten Sie schon vorab gut verrotteten Kompost oder Hühnermist an seinen künftigen Standort ein. Weil Grünkohl dekorativ aussieht, wird er gelegentlich auch gemischt mit Stauden und Sommerblumen im Ziergarten zum Einsatz gebracht.

Wurzel- und Knollengemüse

Einige der wertvollsten Futterpflanzen für die Kükenernährung überhaupt finden sich in der Gruppe des Wurzel- und Knollengemüses. Vor allem der Karotte (*Daucus carota sativus*) räume ich diesbezüglich einen hohen Stellenwert ein, wovon Sie sich bereits im Kapitel über die Kükenfütterung überzeugen konnten. Empfehlenswert ist auch das Verfüttern von Roter Bete, Pastinake, Futterrübe und Knollenfenchel als Bestandteil von selbst gemachten Futtermischungen. Sie alle lassen sich während der warmen Jahreszeit prima selbst anbauen und sind zum Teil außerdem durch ihre gute Lagerfähigkeit bis weit in den Winter hinein haltbar. Am anspruchsvollsten im Anbau sind die Karotten und der Knollenfenchel. Beide brauchen viel Wärme und mögen durchlässige Böden mit gutem Wasserabzug. Am besten reservieren Sie für diese beiden den sonnigsten Platz im Gemüsebeet. Schwere Böden sollten außerdem gut aufgelockert und mit feinem Sand durchmischt werden. Stimmen diese Grundvoraussetzungen, liefern insbesondere die Karotten hohe Erträge und können bei Direktaussaat im April über einen langen Zeitraum, von Juli bis Oktober, für die Tierfütterung geerntet werden. Anspruchsloser sind Rübe, Rote Bete und Pastina-

Karotten sind das vielleicht wertvollste Wurzelgemüse für die Kükenernährung und sollten in keinem Nutzgarten für Hühner fehlen.

ke, denn sie kommen nicht nur mit schweren bzw. lehmigen Gartenböden besser zurecht, sondern nehmen es auch nicht so übel, wenn das Beet einen Teil des Tages von Gebäuden oder Bäumen beschattet ist. Insbesondere die Rüben und die Rote Bete lassen sich prima für den Winter einlagern, sofern Sie einen luftigen und kühlen, jedoch frostfreien Lagerraum/ Keller dafür zur Verfügung haben. Zum Thema „Wurzelgemüse mit guter Lagerfähigkeit" passt auch die Kartoffel. Sie darf an das Geflügel nie frisch verfüttert werden (giftiges Solanin), kommt jedoch geschält und gekocht als regelmäßige Wintermahlzeit sehr gut bei ebendiesem an. Die Kartoffel ist ein Nachtschattengewächse und eignet sich daher nicht sonderlich gut für die Mischkultur mit anderen Gemüsesorten im Nutzgarten. Am besten richten Sie daher einen eigenen kleinen Kartoffelacker für ihren Anbau ein, wenn Sie genügend Platz haben.

Getreide und Pseudogetreide

Auch das normale Körnerfutter für die Geflügelfütterung, wie Mais, Weizen, Gerste oder Roggen, muss nicht immer aus dem gekauften Futtersack stammen. Sie können sich durchaus auch selbst mal im Anbau einiger Arten probieren und einen kleinen Versuchsacker mit alten Urgetreidesorten anlegen. Aus praktischer Sicht bauen die wenigsten Hühnerhalter selbst Getreide an, weil es vergleichsweise billig im Futterhandel erhältlich ist und man für viele Sorten außerdem einiges an Gerätschaften braucht, um das Getreide nach der Ernte für die tiergerechte Fütterung weiterzuverarbeiten. Ich denke da beispielsweise an das mechanische Schroten von großen Maiskörnern oder das Trennen der Spelzen vom Korn bei Hafer und Roggen. Mehr Sinn macht es aus meiner Sicht daher eher, wenn man alternative Getreidearten anbaut oder überhaupt solche aus der Gruppe des „Pseudogetreides", womit Korn gemeint ist, das, botanisch betrachtet, überhaupt nicht zu den Gräsern zählt. Ein kleinkörniges Getreide, dass von jungen Küken besonders gern aufgepickt wird, ist die Hirse. Hirse wird weltweit in vielen Sorten angebaut, hat aber in Europa einen eher geringen Stellenwert. An sonnigen Standorten, Anfang Mai ausgesät, wachsen Arten wie die Italienische Kolbenhirse (*Setaria italica*) auch hierzulande rasch heran. Die Hirse entwickelt im Spätsommer zuverlässig ihre übergeneigten Samenkolben, die auch im halb reifen Zustand schon gern vom Geflügel angepickt werden. Man kann die Kolben im Ganzen trocknen und für die spätere Verfütterung einlagern, ähnlich wie sie in der Fütterung von Stubenvögeln zum Einsatz kommen. Die ganz belassenen Kolben haben für neugierige Küken

Wer möchte, kann Getreide auch selbst im Garten anbauen; hier ist es Gerste (oben).

Gutes, feinkörniges Getreide für die Kükenfütterung ist die Kolbenhirse (unten).

auch einen gewissen Wert als fressbares Beschäftigungsobjekt.

Mein absoluter Liebling unter den Pseudogetreiden ist der Buchweizen (*Fagopyrum esculentum*). Buchweizen ist ein anspruchsloses Knöterichgewächs, das von Nutzgärtnern zurecht als Schwachzehrer eingestuft wird. Wo echte Getreidearten auf nährstoffarmen, schweren oder lehmigen Böden versagen, findet der Buchweizen

Die dreikantigen Samenkörner des Buchweizens sind für Geflügel aller Altersstufen eine Bereicherung des Speiseplans.

Buchweizen wächst hier von selbst an einer verwilderten Gartenecke zwischen Wildpflanzen, wo andere Nutzpflanzen versagen würden.

noch ein Auskommen und war somit in früheren Jahrhunderten sogar überlebenswichtig für Bauern, die kein wirklich fruchtbares Ackerland besaßen. Heute ist Buchweizen kaum noch bekannt, dabei haben seine dreikantigen Samenkörner wertvolle Inhaltsstoffe für Mensch und Tier zu bieten. Buchweizen liefert hochwertiges Eiweiß und hat eine günstigere Zusammensetzung an Aminosäuren als herkömmliches Getreide, um zwei Beispiele zu nennen, die für die gesunde Entwicklung von Küken besonders relevant sind. Versuchen Sie den Anbau von Buchweizen doch in einer Ecke Ihres Nutzgartens, wo andere Nutzpflanzen aufgrund schlechterer Wachstumsbedingungen versagen. Womöglich entwickelt er sich dort sogar überraschend gut. Auch als Bestandteil einer Wildblumenwiese kann er gut aussehen, weil er im Sommer Blütenstände aus unzähligen porzellanrosa „Miniblüten" bildet, die verschiedene Insekten anlocken.

Lediglich die Buchweizenernte per Hand kann etwas mühselig sein, aber der Wert für Ihre Tiere macht das locker wieder wett!

Blattgemüse und Wildpflanzen

Während gerade viele Salate und Wurzelgemüsearten zur Hauptkükenzeit im April und Mai noch nicht in einem erntefähigen Zustand im eigenen Garten zur Verfügung stehen, sind viele Wildpflanzen so früh im Jahr schon problemlos verwendbar. Manche der wertvollsten Futterpflanzen aus dieser Gruppe werden üblicherweise als „Unkräuter" abgestempelt, dabei sollten Hühnerhalter sie eigentlich gezielt in ihrem Garten anbauen, weil sie in ihrer Wirkung so herausragend sind. Ein solches

Die Gartenmelde wächst oft wild an kargen Ruderalstandorten und zwischen Schutt.

Zuchtformen der Melde zeigen oft hübsches, purpurn akzentuiertes Blattwerk und können ebenso verfüttert werden.

Gewächs ist die Gartenmelde (*Atriplex hortensis*), ein unscheinbares Fuchsschwanzgewächs, dessen traditionelle Bezeichnung in Tirol „Spanischer Spinat" ist. Jahrtausendelang wurde sie für den menschlichen Verzehr als Spinatersatz verwendet und darf als regelrechtes Urgemüse auch an das Junggeflügel verfüttert werden. Sie wächst schnell aus Samen heran, und Pflanzenzüchter haben glücklicherweise gleich mehrere attraktive Gartensorten mit brozenem, kupfernem oder purpurnem Blattwerk selektiert. Diese buntlaubigen Sorten setzen im Nutzgarte und an ungenutzten Gartenecken, schöne Farbakzente. Klar, die Melde kann zu starker Selbstaussaat neigen, wenn sie offenen und kargen Boden vorfindet, aber wenn man sie regelmäßig an Küken und Hühner verfüttert, ist es dann nicht eher von Vorteil, wenn sich das Gemüse von selbst ausreichend vermehrt und für sein Fortkommen im Garten sorgt? Eine ähnlich verschmähte Futterpflanze ist auch die Brennnessel (*Urtica dioica*), die man als Geflügelhalter zuweilen in derart großen Mengen braucht, dass es sich rentieren würde, sie extra in einem Teil des Gartens wild wuchern zu lassen. Mehr zu ihrer Verwendung lesen Sie im Kapitel über die Kükenfütterung (s. Seite 55). Weitere Wildpflanzen aus der „Unkrautgruppe" mit besonders wertvollen

Brennnessel ist sowohl frisch als auch getrocknet eine wertvolle Eiweißquelle.

Auch der elegante Beinwell gilt als hervorragender Eiweißlieferant und wurde früher speziell als Viehfutter angebaut.

In der Kleewiese dürfen die Küken gern Kleeblätter und Blüten zupfen, denn wie die meisten Kleearten ist auch der Weißklee ein gutes Eiweißfutter.

Spitzwegerich kann frisch verfüttert werden oder schonend getrocknet für den Winter aufbewahrt werden.

Inhaltsstoffen für die Geflügelfütterung wären der Löwenzahn, der Spitzwegerich, die Vogelmiere, der Giersch und der Beinwell. Letzterer findet sich heute vielerorts verwildert an Straßenrändern, auf Ruderalstandorten oder in alten Gärten. In viele Regionen verwendete man ihn ursprünglich als eiweißreiches Viehfutter und Spinatersatz. Weil Beinwell außerdem zu den besten und am längsten blühenden Nährpflanzen für Bienen und Hummeln zählt, möchte ich Ihnen dieses Gewächs ganz besonders ans Herz legen.
Es ist in einem naturfreundlichen Hühnergarten auf viele Arten und Weisen eine Bereicherung.

Die traditionellen Futterpflanzen der „Native Americans“

Amerikanischen Ursprungs sind einige Nutzpflanzen, die sich nicht so recht in die anderen von mir angeführten Gruppen von Futterpflanzen einfügen lassen. Als traditionelle Nutzpflanzen der „Native Americans“ wurden sie schon vor der Eroberung Amerikas durch die Europäer unter menschlicher Obhut angebaut und spielten für viele Stämme dabei sogar eine herausragende Rollen für die Ernährung. Eine der auffälligsten amerikanischen Errungenschaften ist hierbei sicherlich *Cucurbita maxima*, der Speisekürbis. Kürbis gilt als jenes Kulturgewächs, das die größten Beerenfrüchte der gesamten Pflanzenwelt hervorbringt, doch er punktet aus Sicht der Geflügelhalter nicht nur durch enorme Mengen an Zusatzfutter, sondern auch damit, dass das Federvieh ihn besonders gern frisst. Sein weiches, stark wasserhaltiges Fruchtfleisch wird von Küken, Junghennen, Legehennen und Zuchthähnen gleichermaßen gern angepickt, und selbst die großen Kerne werden von größeren Rassen oft mit Vorliebe verspeist (für Küken und Zwerghühner kann man diese trocknen und zerschroten). Viele Kürbissorten sind zudem lange haltbar, wenn man sie als Winterfutter einlagert. Aus gärtnerischer Sicht zählt der Kürbis ganz klar zu den Starkzehrern, denn er hat nicht nur einen

Ich lasse Kürbis gern als Kletterpflanze am Hühnerzaun entlangranken, denn er sorgt für Beschattung und Sichtblenden.

Die großen gelben Blüten der Kürbispflanzen sind ebenfalls essbar und dürfen vom Federvieh gern angepickt werden.

Die vier Monate alte Junghenne (links) lernt hier von der erfahrenen Zwerg-Wyandotte, dass Kürbis schmackhaftes Futter sein kann.

hohen Wasserbedarf, sondern auch einen geradezu extrem hohen Nährstoffbedarf. Für Hühnerhalter sollte es jedoch kein Problem sein, einer Kürbispflanze genügend Stickstoff, Kalium, Phosphor und Co. zur Verfügung zu stellen, denn der Misthaufen bietet sich geradezu als Wuchsstandort für sie an. So können neue Futterkürbisse heranreifen, während gleichzeitig, von den großen Kürbisblättern beschattet, im Wurzelbereich noch der Hühnermist zu wertvoller Komposterde verrottet. Alternativ sehen Kürbisse auch schön aus, wenn man sie als Kletterpflanzen am Hühnerzaun entlangranken lässt. Die kleinfruchtigeren Sorten eignen sich für diesen Zweck besser als die großfruchtigen und spenden mit ihrem Blattwerk so zugleich den Hühnern etwas Deckung und Schatten. Eine typische amerikanische Gattung von Nutzpflanzen ist *Helianthus*, die mit der Sonnenblume (*Helianthus annuus*) und dem Topinambur (*Helianthus tuberosus*) zwei völlig verschiedenartige Futterpflanzen für unser Geflügel bereithält.

Topinambur ist eine Staude, die jedes Jahr im Frühling von Neuem aus unterirdischen Sprossknollen austreibt und dabei innerhalb einer Saison Wuchshöhen von über drei Metern erreichen kann. Einmal eingewachsen, wuchert Topinambur so stark, dass er durchaus auch im Hühnergehege überleben kann. Als Futter verwendet man bei Topinambur die stärkehaltigen Knollen, die, gedünstet als Brei mit Körnern vermischt, ein erstklassiges Kükenfutter abgeben. Vermischt man den Topinamburbrei mit Mohnsamen (1 gehäufter Teelöffel auf 200 Gramm Brei), ergibt er ein gutes Hausmittel für Küken, die unter Durchfall leiden. Der Brei ist leicht verdaulich und schonend für den Verdauungstrakt, während die Mohnsamen

Die Knollenpflanze Topinambur bildet dichte Bestände, die Hühnern auch als Deckung dienen können.

stopfen und binden. Obwohl die Sonnenblume zur gleichen Gattung gehört wie der Topinambur, bildet sie keine genießbaren Knollen aus. Sie ist einjährig, und bei ihr waren es selbstredend die Samen, auf die der Mensch es abgesehen hatte, als er damit begann, diese Riesenblume feldermäßig anzubauen. Verwenden Sie geschälte Sonnenblumenkerne als ölhaltiges Fettfutter für geschwächte Küken oder als Leckerbissen zum „Hühnerzähmen", der zwischendurch per Hand gereicht wird. Ausgewachsene Hühner lieben es auch, wenn man ihnen ganzen Sonnenblumenköpfe, vollgespickt mit reifen Samen, in den Auslauf wirft. Stundenlang sind sie dann mit dem Herauspicken der Körner beschäftigt und vergessen dabei scheinbar alles andere um sich herum. Sonnenblumen können aufgrund ihrer Schönheit sowohl am Hühnerzaun, im Nutzgarten, auf dem Acker als auch im Ziergarten für hübsche Akzente sorgen. Als Jungpflanzen sind sie etwas schneckenempfindlich, gedeihen aber ansonsten auf jedem durchlässigen Boden in sonniger Lage zuverlässig. Amerikanischen Ursprungs ist übrigens auch der Mais, der daher so völlig aus dem Rahmen der sonstigen Getreidearten aus der Gruppe der Gräser fällt. Auf den Mais ging ich jedoch bereits an anderer Stelle näher ein.

Geschälte Sonnenblumenkerne dürfen trotz ihres hohen Fettgehalts regelmäßig an den Hühnernachwuchs verfüttert werden. Die wertvollen Sonnenblumen zählen sicherlich zu den schönsten Nutzpflanzen und sind ganz nebenbei auch eine Bereicherung für die Insektenwelt.

Tomaten, Ingwer, Zitronen und Avocado mögen zwar in der menschlichen Ernährung als „gesund" gelten, sind aber für Küken kein empfehlenswertes Superfood.

Futterarten, die man Küken nicht reichen sollte

Es gibt eine Reihe von Futterarten, auf die man in der Küken-Ernährung am besten vollständig verzichtet. Manche davon schaden ausgewachsenen Hühnern, zumindest in Maßen verfüttert, nicht, können sich aber negativ auf die Verdauung bei Jungtieren auswirken. Andere sind für Jung und Alt gleichermaßen problematisch. Erstaunlicherweise muss teilweise sogar vermeintliches Superfood, das in der menschlichen Ernährung hochgepriesen wird, als untauglich für das Federvieh eingestuft werden. Ein gutes Beispiel hierfür ist die momentan extrem gehypte Avocado. Sie enthält die Substanz Persin, die für die meisten Vogelarten giftig ist und regelmäßig Wellensittiche, Zebrafinken und andere Stubenvögel über die Regenbogenbrücke befördert. Nicht empfehlenswert sind auch Zitrusfrüchte, denn sie beinhalten viel Säure, die die Schleimhäute im empfindlichen Verdauungstrakt der Küken reizt. Ähnlich säurehaltig sind auch Tomaten, die mit Oxalsäure, Blausäure, Lycopin und dem Alkaloid Solanin gleich mehrere ungünstige Substanzen beinhalten. Vorsicht geboten ist auch beim Dauerbrenner Ingwer, denn grundsätzlich ist er zwar immunstärkend und keimtötend, aber bei Küken sind schon kleine Mengen zu viel des Guten. Keinesfalls dürften Küken rohe Kartoffeln und verschiedene Hülsenfrüchte gereicht bekommen, dasselbe gilt für Steinobst, wie Kirschen und Pflaumen. Zu den Futterarten, die man anfangs stets nur in moderaten Mengen reicht, die aber dennoch auf Dauer betrachtet überaus empfehlenswert sind, rechne ich alle Kohlgewächse, wie Grünkohl, Blumenkohl und Kohlrüben.

Speisereste vom Teller

Noch stärker, als bei ausgewachsenen Hühnern, muss man bei Küken darauf achten, dass beim Verfüttern von Lebensmittelresten aus der menschlichen Ernährung alles auch ja gut verträglich ist. Salz, Zucker, Schokolade, scharfe Gewürze und Saucen sorgen hier für Probleme. Schon ein Salzgehalt von 1 % kann zu schweren Krämpfen und Durchfall beim Federvieh führen. Rohe Kuhmilch vertragen Hühnervögel, wie ich aus eigener Erfahrung weiß, auch nicht gut. Die Hühner einer befreundeten Bäuerin legten wochenlang keine Eier mehr, nachdem sie sich einmal an einen Eimer Milch gelabt hatten, der eigentlich für die Kälber gedacht war …

„BEI MIR WACHSEN HEILPFLANZEN, GEMISCHT MIT WILDBLUMEN UND BAUERNGARTENSTAUDEN, DIREKT AM HÜHNERZAUN, SODASS SIE IMMER GRIFFBEREIT ZUR VERFÜGUNG STEHEN."

Die Kükenapotheke

ARMANI

Heilpflanzen für Küken und Junghühner selbst anbauen

Siehe Episode 90!

Eines gleich vorweg: Sollten Ihre Küken jemals ernsthaft krank sein oder sollte gar eine Seuche in Ihrem gesamten Hühnerbestand ausgebrochen sein, werden Sie es mit Heilkräutern allein, aller Wahrscheinlichkeit nach, nicht mehr hinkriegen, dass das Blatt sich zum Guten wendet. Insbesondere die Küken haben in den ersten Lebenswochen ein vergleichsweise schwaches Immunsystem und sterben schnell an vermeintlichen „Kleinigkeiten". Hier ist der Rat eines geflügelkundigen Tierarztes letztlich immer die beste Lösung. Dennoch ist der unterstützende Einsatz von Heilkräutern in der Geflügelhaltung ausgesprochen sinnvoll und ganz besonders taugen Kräuter dazu, den Hühnernachwuchs vorbeugend zu stärken und zu schützen. Ich selbst setze bei der Aufzucht meiner Küken regelmäßig auf Heilkäuter und habe durchweg positive Erfahrungen damit gemacht. Ein Grund, warum ich Kräuter so häufig verwende, ist sicherlich der banalen Tatsache geschuldet, dass ich sie stets in ausreichenden Mengen zur Verfügung habe. Mein Hühnergarten ist im Grunde genommen auch ein Apothekergarten, denn mehr als die Hälfte der Pflanzen in den Beeten sind Heilgewächse. Gemischt mit Bauerngartenblumen und Wildblumen sehen die Kräuter nicht nur sehr attraktiv aus, sondern sind eben auch stets verfügbar, um sie frisch zu verfüttern, zu trocknen oder anderweitig weiterzuverarbeiten. Ich genieße es sehr, meine „grüne Apotheke" direkt bei den Hühnern zu haben, und möchte daher auch Ihnen, werte Leser, empfehlen, dass Sie sich zumindest die wichtigsten Kükenheilpflanzen in Ihren eigenen Garten holen. Für nahezu unverzichtbar halte ich Kamille, Oregano, Salbei, Wermut und Indianernessel, aber dazu gleich mehr. Die folgenden Texte sind als Mischungen zwischen Anwendungsempfehlungen und Kulturanleitungen für die verschiedenen Gruppen von Kräutern zu verstehen.

Die antibakteriellen Entzündungshemmer

In der Familie der Lippenblütler findet sich so manches Heilgewächs, das in seiner Wirkungsweise gern als antibakteriell oder entzündungshemmend beschrieben wird. Tatsächlich wirken viele Lippenblütler antibiotisch und einige davon sogar so zuverlässig, dass sie nicht nur in der Humanheilkunde längst zu Klassikern geworden sind, sondern auch in der kommerziellen (industriellen) Tierzucht gezielt eingesetzt werden, einem Sektor, wo man normalerweise nur noch auf

1

2

Auch Thymian (oben) ist eine wertvolle Kükenheilpflanze bei Erkältungskrankheiten.

Medikamente zurückgreift. Beispiele für solche Heilpflanzen sind der Oregano, der Thymian und der Salbei. Alle drei Kräuter können frisch gesammelt werden. Nach dem Zerkleinern vermischt man sie mit anderen Futterarten – am besten mit selbst gemachten Krümelfuttermischungen – und verfüttert diese regelmäßig an Küken. So wird das Immunsystem der Küken vorbeugend gestärkt und kleinere Infekte werden unterdrückt. Zeigen Küken bereits Symptome für Erkältungskrankheiten oder Entzündungen der Atemwege, so lässt sich aus den getrockneten Blättern des Lippenblütlertrios auch ein lindernder Tee aufkochen, der Küken und Glucke lauwarm angeboten wird. Bieten Sie diesen Tee über mehrere Tage hinweg zusätzlich zum normalen Trinkwasser an und ach-

Bid 1: Oregano wirkt antibakteriell und wird sogar in der kommerziellen Geflügelaufzucht gelegentlich wegen seiner positiven Wirkung eingesetzt.

Bid 2: Oregano blüht lange und ist ein regelrechter Insektenmagnet für Naturgärten.

Bid 3: Verschiedene Zuchtformen des Oreganos unterscheiden sich in ihrer Blattfärbung.

Bid 1: Solche buntlaubigen Sorten vom Arznei-Salbei, wie ´Tricolor´, sind in Gärten sehr bliebt.

Bid 2: Salbei ist nicht nur entzündungshemmend, sondern blüht außerdem sehr hübsch im Frühsommer. Die Küken dürfen ruhig an den Blüten zupfen.

Bid 1: Im Gegensatz zu Oregano ist Salbei wintergrün und steht daher auch während der kalten Jahreszeit frisch zur Verfügung.

ten Sie darauf, dass die Tiere diesen auch annehmen. Mit etwas Geschick kann man kleinen Küken den Tee vorsichtig mit einer Pipette einträpfeln, wobei darauf zu achten ist, dass die Kleinen keine Flüssigkeit in die Luftröhre kriegen. Oregano, Salbei und Thymian sind alle drei sehr ähnlich in ihren Ansprüchen und geben daher gute Beetnachbarn im Garten ab. Sie sind sonnenhungrig und mögen ein warmes, geschütztes Plätzchen mit durchlässiger Erde, die nicht zu stickstoffhaltig (also überdüngt) sein sollte. Sehr wohl fühlen sie sich zwischen Natursteinen und an Steinmauern, wo sie auch die intensivsten Aromen und Inhaltsstoffe entwickeln. Von allen dreien gibt es unterschiedliche Arten und Zuchtformen, und es ist aus gartengestalterischer Sicht daher möglich, ein bisschen mit der Sortenvielfalt zu experimentieren. Aus Sicht eines „Kükenapothekers" sollten aber die Sorten der klassischen Arten, wie Arznei-Salbei (*Salvia officinalis*), Echter Thymian (*Thymus vulgaris*) und Oregano bzw. Echter Dost (*Origanum vulgare*), angepflanzt werden.

Auch anderswo auf der Welt wachsen Lippenblütler mit hervorragenden Heileigenschaften. Auf voller Linie mit den zuvor genannten messen kann sich etwa *Monarda fistulosa,* die Indianernessel. Auch sie wirkt antibakteriell, hat, wie Untersuchungen zeigen, aber auch eine antivirale Wirkung. Zudem gilt sie als wurmabtötend und stimuliert den gesamten Stoffwechsel, von

Indianernesseln blühen nicht nur wunderschön, sie sind auch gute Heilpflanzen mit vielen positiven Auswirkungen auf die Gesundheit von Küken.

der Blutzirkulation bis hin zu diversen Verdauungsvorgängen. Ein regelrechter Alleskönner also, der dank seiner schönen „Kronen" aus roten, violetten oder pinkfarbenen Röhrenblüten auch in einem Blumenbeet hübsch aussieht. Indianernesseln sind gut winterharte, mehrjährige Stauden und bevorzugen, anders als Salbei, Thymian und Oregano, nährstoffreiche Böden mit guter Wasserspeicherfähigkeit. An zu trockenen Standorten leiden sie gern unter Mehltauerkrankungen, weshalb Sie bei der Sortenauswahl auf mehltauresistente Indianernesseln achten sollten.

Bild 1: Schon zu Großmutters Zeiten galt die Kamille als empfehlenswerte Heilpflanze für Küken und Jungtiere im Allgemeinen.

Bilder 2 und 3: Kamille ist einjährig und die verblühten Pflanzen aus dem Nutzgarten dienen dem Geflügel hier nach dem Entfernen noch als Beschäftigungsmöglichkeit – an der Kamille darf ausgiebig herumgepickt werden.

Die Kamille und andere Verdauungshelfer

Die Echte Kamille (*Matricaria chamomilla*), ist die Königin der Kükenheilpflanzen, zumindest ist sie das für mich. Eine sachte Kamillenteekur bekommen alle Küken, die bei mir schlüpfen, in ihren ersten Lebenswochen „verabreicht", denn anfangs will die Verdauung der Küken oft nicht perfekt funktionieren. Sie muss sich, wie bei anderen Tierbabys auch, erst allmählich auf feste Nahrung einstellen. Ab dem zweiten Lebenstag nach dem Schlupf beginnen Küken mit der gezielten Aufnahme von Futter, und dann fängt es oft mit Problemen wie Durchfall an. Kamillentee entkrampft, beruhigt, schont den Verdauungstrakt und stärkt damit auch schwächliche Küken, die anfangs schlecht fressen. Man reicht nur lauwarmen Kamillentee und bietet den Küken als Alternative auch reines Trinkwasser an, damit sie keinen Durst leiden müssen, sollten sie den Tee aus irgendeinem Grund verschmähen. Nachfolgend die Geschichte eines meiner Küken um zu schildern, was Kamille bewirken kann: Im Sommer 2019 konnten meine Follower auf YouTube und Instagram meine Sandschak-Kräher-Henne „Klara" dabei begleiten, wie sie acht Proveis-Ultentaler-Küken großzog. Publikumsliebling war dabei das schwächste Küken, namens Dobby (ja, wegen Harry Potters Hauself), das anfangs kaum lebensfähig war, weil es kein richtiges Flaumkleid entwickelt hatte und auch insgesamt unterentwickelt zu sein schien. Lediglich der Kamm war überproportional groß entwickelt, weshalb ich davon ausging, dass es ein männliches Küken sein müsste. Als Dobby auch am zweiten Lebenstag nicht, so wie seine Schlupfgeschwister, fressen oder trinken wollte, begann ich damit, ihm mit einer Pipette alle zwei Stunden etwas Kamillentee einzutröpfeln. Der Tee wirkte geradezu belebend auf das zuvor lethargische Küken

Dobby, ein im Vergleich zu seinen Schlupfgeschwistern stark unterentwickeltes Küken, konnte dank der Heilkraft der Kamille überleben und wurde später passend in Camilla umgetauft.

Bildserie 1 bis 3: Die verblüffende Entwicklung meiner Henne Camilla alias Dobby, die sich vom „hässlichen Entlein" mit mangelhaftem Flaumkleid zu einer meiner schönsten und liebenswürdigsten Junghennen mauserte. Auf dem dritten Bild ist Camilla fünf Monate alt.

und es nahm noch am ersten Tag der Anwendung etwas Futter zu sich. Den Kamillentee bekam es während der folgenden beiden Wochen regelmäßig, in denen es von Tag zu Tag lebhafter und kräftiger wurde. Im zweiten Lebensmonat konnte man Dobby vom Gesundheitszustand her kaum noch von den anderen Küken unterscheiden, und im dritten Monat schließlich war klar, dass das vermeintlich schwache Hähnchen Dobby in Wahrheit eine hübsche kräftige Hühnerdame werden würde; also taufte ich das Nesthäkchen in Camilla um. Camilla deshalb, weil so genau jene Heilpflanze geehrt wird, die meiner Meinung nach in diesem Fall lebensrettend war! Im Garten möchte die Kamille als einjähriger, sonnenhungriger Korbblütler offenen Boden vorfinden, um im Frühling keimen zu können. In und um den Gemüsegarten, wo regelmäßig gegraben wird, fühlt sie sich daher wohler als in einem speziellen Kräuterbeet. Sie gaukelt dann zwischen Radieschen, Karotten, Pflücksalat und Co. herum und keimt mal hier, mal dort. Ähnlich in ihren Heileigenschaften, aber auch in der Art, wie sie im Garten herumwandert, ist die Ringelblume (*Calendula officinalis*). Sie kann nicht nur gemischt mit Kamille angebaut werden, sondern auch gemischt mit dieser gesammelt und verwendet werden (Kamille : Ringelblume = 2 : 1). Auch zwei andere Korbblütler, dieses Mal jedoch mit mehrjährigem Lebenszyklus, sind der Kamille in ihren heilenden Eigenschaften recht ähnlich: Der Echte Alant (*Inula helenium*) und die Schafgarbe (*Achillea millefolium*). Beide neigen zu Wucherwachstum, dürfen aber nicht in Ihrer Sammlung fehlen, wenn Sie vorhaben, einen abwechslungsreichen Heilkräutergarten anzulegen.

Entwurmung mit Hausmitteln

Frei laufende Hühner werden leider von einer Vielzahl an Endoparasiten heimgesucht, vom Fadenwurm über den Haarwurm bis hin zum Bandwurm. Auch Küken sind, wenn sie im Freien aufwachsen dürfen, betroffen und leiden bei starkem Befall besonders schnell an sichtbaren Beschwerden (Unwohlsein, verkrampft wirkendes In-der-Ecke-Verharren, Mattigkeit, Appetitlosigkeit). Für das Ent-

Wermut bevorzugt karge Böden an warmen, sonnigen Standorten und wird wegen seines intensiven Aromas vom Geflügel meist nicht freiwillig angefressen. Kreis: So sehen die unscheinbaren Blütenstände des Wermuts aus.

wurmen des Federviehs werden in der traditionellen Tierheilkunde gleich mehrere wurmtötende Pflanzen empfohlen. Zu den bekanntesten Hausmitteln gehören hierbei sicherlich die Karotte, der Knoblauch und die Küchenzwiebel, die, regelmäßig verfüttert, eine entwurmende Wirkung haben sollen. Als typische Nutzpflanzen passen alle drei aber besser in den Gemüsegarten als in den Kräutergarten. Mit dem Wermut (*Artemisia absinthium*) gibt es auch ein Heilkraut unter den „Wurmtötern", und dieses wirkt nach meinen Erfahrungen auch besser als Karotte und Co. Wermut ist inzwischen längst ein Hauptbestandteil vieler natürlicher Mittel, die der Handel uns Hühnerhaltern für die Entwurmung unserer Tiere anbietet. Meistens handelt es sich bei den Produkten um Pulvermischungen. Möchte man selbst gesammelten Wermut für die Entwurmung seiner Hühner verwenden, so empfehle ich die Anwendung als Teeaufguss. Ein Teelöffel getrockneter Wermutblätter wird mit einem Liter mäßig heißem Wasser aufgegossen. Den Sud lässt man abkühlen und teilt ihn dann in drei gleich große Portionen auf. Diese werden den Hühnern an drei aufeinanderfolgenden Tagen ins täglich frische Trinkwasser gemischt und dabei mit zwei bis drei Litern Wasser verdünnt. Nach zehn Tagen kann man diese Prozedur wiederholen, danach sollte ein Monat Pause eingehalten werden. Küken sollten bei ihrer ersten Wermutbehandlung mindestens zwei Wochen alt sein. Eine vorbeugende Entwurmung ist bei ihnen allerdings nur dann sinnvoll, wenn die Küken im Freien herumlaufen dürfen, weil viele Endoparasiten aufgrund ihres Lebenszyklus nur unter freiem Himmel ein Problem sind. Wermut möchte im Garten ein sonniges Plätzchen und liebt durchlässige Böden. Weil er über einen Meter hoch aufschießen kann und zudem an passenden Standorten zum Wuchern neigt, empfiehlt es sich, ihn etwas abseits anzupflanzen. Die silbrigen Blätter des Wermuts haben großen Zierwert und wirken gut vor rotlaubigen Gehölzen. Die beste Zeit, um Wermutblätter zu sammeln und zu trocknen, ist der Juni, vor seiner Blütezeit im Hochsommer.

„Nahrungsergänzungsmittel" aus der Welt der Kräuter

Brennnesseln (links) dürfen als Heil- und Futterpflanzen zugleich gelten und werden im Prinzip wie ein natürliches Nahrungsergänzungsmittel eingesetzt.

Als wertvolle Eiweißquelle kann Luzerne (rechts) gezielt zur Stärkung schwacher Küken verfüttert werden oder auch bei zu langsamer oder mangelhafter Befiederung helfen.

Während man einige der am stärksten wirksamen Heilpflanzen stets nur gezielt zum Einsatz bringen sollte, das beste Beispiel hierfür ist der zuvor besprochene Wermut, können andere Arten täglich Teil des Federvieh-Menüplans sein. Sie können nämlich zugleich auch als Futterpflanzen eingestuft werden. Quasi wie eine Art „natürliche Nahrungsergänzungsmittel" bewirken sie, täglich verfüttert, Großartiges bei der physischen Entwicklung des Junggeflügels. Kräuter mit hohem Eiweißanteil helfen einerseits den Jungtieren beim Gefiederaufbau, aber andererseits auch der Glucke dabei, sich nach dem kräfteraubenden Brutgeschäft zu regenerieren. Hervorragende Eiweißlieferanten sind etwa die Große Brennnessel, die Luzerne und der Beinwell. Von allen dreien verfüttert man vorzugsweise das frische Laubwerk und häckselt es klein, um es mit anderen Futterarten, wie aufgequollenen Haferflocken, zu vermengen. Besonders die Brennnessel lässt sich trocknen und zu Brennnesselpulver mörsern, das man dann praktisch immer, wenn man Frischfutter oder Krümelfutter zubereitet, beimengen kann.

Sie hat neben Eiweißen einen hohen Anteil an Aminosäuren, Kalzium und generell Mineralstoffen. Während Sie für die Brennnessel, sofern Sie diese nicht in der Natur sammeln können, am besten eine verwilderte Ecke im Garten auswählen, wo sie getrost wuchern darf, wirkt der Beinwell auch im Kräutergarten gut, neigt aber zu starker Selbstaussaat. Auch die Luzerne, die als Bestandteil einer Wildblumenwiese am besten aufgehoben ist, versamt sich selbst. Während die Luzerne ein Schwachzehrer ist und auch karge Böden mag, wachsen Brennnessel und Beinwell, bei regelmäßiger Ernte, nur dann wieder üppig nach, wenn der Boden nährstoffreich ist, insbesondere was den Stickstoffanteil anbelangt. Hier helfen gut verrotteter Mist und Komposterde.

Heilkräuter für den täglichen Gebrauch, die besonders durch die vielen Mineralstoffe punkten, die den Knochenaufbau von Küken unterstützen, wären Basilikum, Petersilie, Kerbel, Giersch und Spitzwegerich. Letzterer ist auch bekannt für seinen hohen Gehalt an Gerb- und Schleimstoffen sowie Entzündungshemmern. Petersilie und Basilikum können praktischerweise auch prima in Töpfen und Trögen direkt am Hühnerstall eingepflanzt werden, so stehen sie immer griffbereit zur Verfügung. Verschönern Sie zum Beispiel die Stallfenster durch das Anbringen von „Balkonkräuterkisterln".

Duftkräuter und getrocknete Blüten für Hühnernest und Einstreu

Einige der besten Duftkräuter sind mit ihren starken Aromen auch dazu geeignet, Ungeziefer zu vertreiben, und können sich damit indirekt positiv auf den Gesundheitszustand vom Geflügel auswirken. So wie getrockneter Lavendel bekanntermaßen die Motten aus den Kleiderschränken fernhält, bewirkt er auch, in Hühnernester gelegt, dass das Ungeziefer abgeschreckt wird. Milben, Flöhe, Läuse und allerlei weiteres Getier verabscheuen das intensive Lavendelaroma. Weil auch andere Duftkräuter ähnlich intensiv riechen, empfiehlt es sich für diesen Zweck sogar, eine eigene Nestkräutermischung zu trocknen. Salbei, Thymian, Melisse, Minze, Schafgarbe und Wermut sind denkbare Bestandteile einer solchen selbst gemachten Duftkräutermischung. Man kann einer brutwillige Glucke schon während des Brütens solche Kräuter ins Nest legen, denn sie ist in dieser Phase besonders anfällig dafür, von Nestungeziefer heimgesucht zu werden. Es schadet auch nichts, wenn die Henne zwischendurch an den Kräutern zupft. Nach dem Schlupf der Küken können Sie sogar die gesamte Einstreu des Kükenzuhauses mit Duftkräutern durchmischen, denn die Küken dürfen in ihrem spielerischen Erlebnisdrang ebenfalls gern

Die Blüten des Wiesensalbeis werden hier für die Verwendung als Zusatzeinstreu getrocknet.

von den Heilkräutern probieren und nehmen so ganz nebenbei zahlreiche wertvolle Inhaltsstoffe auf.

Eine bei neugierigen Küken sehr beliebte Zusatzeinstreu ergeben getrocknete Mischungen von essbaren Blüten, wohl wegen der bunten Farben. Insbesondere Orange- und Rottöne üben auf Hühnervögel einen starken Reiz aus (daher sind Kamm und Kehllappen bei gesunden Alttieren intensiv rot), und so sollten Sie für solche Mischungen auch die Blüten samtroter Indianernesseln, karminroter Duftrosen, rotoranger Ringelblumen und magentaroter Teemalven trocknen. Blüten anderer Farben, die gut dazupassen, können von Kamille, Borretsch, Gänseblümchen, Hornveilchen, Dahlie, Eibisch, Schlüsselblume, Wiesensalbei, Kapuzinerkresse, Schnittlauch, Löwenzahn und Schlüsselblume stammen. Die Inhaltsstoffe sind in den Blüten bei den meisten Pflanzen schwächer vorhanden als in den grünen Pflanzenteilen, wirken somit unter Umständen schonender auf junge Küken. Damit die Blüten ihre Farben gut behalten, sollten sie langsam an einem luftigen Platz im Halbschatten getrocknet werden. In verschließbaren Gläsern aufbewahrt, sind sie lange haltbar und können nach Bedarf sogar ins Krümelfutter gemengt werden, um dieses abwechslungsreicher zu machen.

Frische oder getrocknete Kräuter und Blüten sind sowohl in der Stalleinstreu als auch in den Nestern eine Bereicherung für die Küken.

Gesunde Küken können ganz schön laut piepsen und rufen ihre Mutter sofort aufgeregt, wenn man sie von ihr wegnimmt. Also alles in Ordnung bei diesen niedlichen Schreihälsen!

Siehe Episode 144!

Küken gesund erhalten Krankheiten, Parasiten und Co.

Der Tiefpunkt in einem Buch, das sich „Happy Küken" nennt, ist das Kapitel über die Krankheiten, denn an kranken Küken ist so gar nichts „happy". Ersparen möchte ich Ihnen dieses ernste und manchmal auch aufwühlende Thema dennoch nicht, denn als Hühnerhalter sollten Sie zumindest über die wichtigsten Gesundheitsfragen rund um Ihre gefiederten Schützlinge Bescheid wissen. Sie finden in diesem Kapitel daher von mir Informationen zu den sieben wichtigsten Kükenkrankheiten, ebenso wie zu inneren (Endo-) und äußeren (Ekto-)Parasiten, die das Federvieh plagen können. Zuallererst will ich aber schildern, was man vorbeugend für die Gesundheit der Kleinsten tun kann, denn erkrankte Tiere wären im Vorfeld nicht selten vermeidbar gewesen. Auch der Kontakt zu einem hühnerkundigen Tierarzt in Ihrer Nähe sollte schon im Vorfeld erfolgen, denn nicht alle Tierärzte kennen sich mit Hühnern ausreichend gut aus, um kranke Küken gebührend behandeln zu können.

Trocknen Sie Kükenheilpflanzen schon vorab auf Vorrat, dann sind sie im Falle eines Falles immer griffbereit.

So sollen gesunde, halbwüchsige Küken des Brabanter Bauernhuhns aussehen: klare Augen, saubere Schnäbel und ein intaktes Gefieder. Das linke ist eine Henne, das rechte wird ein Hahn.

Für den regelmäßigen Gesundheitscheck bleibt es nicht aus, dass man die Küken auch mal einfangen muss.

Was man vorbeugend für die Gesundheit von Naturbrutküken tun kann

Dieses Buch steht unter dem Motto „Naturbrut“, und daher möchte ich den Gesundheitszustand der Küken zunächst in Zusammenhang mit dem Gesundheitszustand der Glucke bringen. Eine gesunde, wohlgenährte und möglichst stressresistente Glucke sollte am Anfang einer Naturbrut stehen. Viele Kükenkrankheiten werden bereits von den Elterntieren an den Embryo im Ei übertragen. Sollte Ihre Glucke also Eier ausbrüten, die nicht von ihr selbst stammen, sondern womöglich von einem fremden Züchter, der Ihnen Bruteier verkauft hat, ist es wichtig, dass Sie sich vorab über den Gesundheitszustand der fremden „Eierspender“ informieren. Stark mit Kot verschmutzte Eier sollten nicht für die Brut eingesetzt werden, denn Keime können sich unter der wärmenden Glucke vorzüglich vermehren. Für die Dauer der Brut muss sich die Glucke auf einem Nest mit frischer Einstreu befinden, und das Gluckenheim selbst sollte vorab gründlich gereinigt und desinfiziert worden sein.

Heilkräuter können schon von Anfang an die Gesundheit der Küken unterstützen. Meine Lieblingsheilpflanze für Küken ist die Kamille.

Streuen Sie Urgesteinsmehl auf dem Stallboden aus, um Milben und Ungeziefer abzuschrecken sowie um Gerüche und Flüssigkeiten zu binden.

Nach dem Schlupf sollten Eierschalenreste, unbefruchtete Eier und tote Küken aus dem Nest entfernt werden. Am besten wird die Familie ohnehin auf ein neues, sauberes Nest umquartiert. Es ist kein Geheimnis, dass Naturbrutküken automatisch weniger hygienisch aufwachsen als Kunstbrutküken. Vom ersten Lebenstag an wird ihr Immunsystem mit den Keimen der Glucke konfrontiert, zu der sie ja buchstäblich regelmäßig „Hautkontakt" haben und mit deren Ausscheidungen sie auch unvermeidlich in Berührung kommen. Diese frühe Konfrontation mit Bakterien, Viren und Einzellern muss nicht in allen Fällen nachteilig sein, denn bei gewissen Erregern fungiert die frühzeitige Übertragung vom Muttertier auf den Nachwuchs wie eine Art Schutzimpfung. Naturbrutküken sind, sofern sie die ersten Lebenswochen überstehen, im späteren Verlauf ihres Lebens seltener von gewissen Erkrankungen betroffen. Zu den weiteren vorbeugenden Maßnahmen, die Sie für die Gesundheit Ihrer Küken treffen können, gehört auch die Isolation von der restlichen Herde in der ersten Lebenswoche. Lassen Sie die Küken erst zu Kräften kommen und ihr Schlupfgewicht zumindest verdoppeln, bevor Sie es der Glucke erlauben, ihren Nachwuchs den anderen Hühnern vorzuführen. Spätestens zum Zeitpunkt der Zusammenführung sind die Küken nämlich mit allen Erregern konfrontiert, die potenziell in Ihrem Geflügelbestand schlummern. Vermeiden sollten Sie, bis die Jungtiere voll befiedert sind, auch den Ausgang der Küken ins Freie bei kühler und nasser Witterung, denn durch das Zusammenspiel von Kälte und Regen sind Erkältungskrankheiten vorprogrammiert. Selbstverständlich werden mangelhaft oder einseitig ernährte Jungtiere leichter krank. Eine abwechslungsreiche Ernährung von Glucke und Nachwuchs sollte für einen „happy Hühnerhalter" ohnehin eine Selbstverständlichkeit sein, und Sie finden dazu von mir ausführliche Informationen in den Kapiteln über die Kükenfütterung (s. Seite 55) und über das Anbauen von Futterpflanzen für Küken (s. Seite 64). Auch Heilkräuter können unterstützend in der Kükenaufzucht Verwendung finden, und Sie können dazu Weiteres im Heilpflanzen-Kapitel (s. Seite 78) nachlesen.

Impfen ja oder nein?

Die große Impfdiskussion hat auch die Tierzucht erfasst, wobei sich hier nicht immer die Frage stellt, ob man impfen soll oder nicht, denn für manche Krankheiten gibt es schlichtweg eine Impfpflicht. Die Vorschriften dazu sind in den einzelnen Ländern unterschiedlich und die besten Auskünfte kann Ihnen hierzu gewiss Ihr zuständiger Amtstierarzt geben. Es gibt einige Impfungen, die für Küken durchaus sinnvoll sind, insbesondere dann, wenn Sie auch Nachzuchten verkaufen möchten oder gar planen, Ihre Tiere auf Geflügelausstellungen zu präsentieren. Ausstellungen sind regelrechte Umschlagplätze für Viren und Bakterien, und dass die Tiere sich dort außerdem in einer Stresssituation befinden, macht es nicht besser. Nicht schon vorab gegen häufige Erreger wie etwa die „Infektiöse Bronchitis" zu impfen, ist fahrlässig. Die wichtigsten und am häufigsten beim Junggeflügel durchgeführten Impfungen umfassen Infektiöse Bronchitis, Infektiöse Laryngotracheitis, Marek'sche Krankheit, Newcastle, Weiße Kükenruhr und die Kokzidiose. In einigen Fällen, wie bei der Aviären Encephalomyelitis oder der Gumboro-Krankheit, müssten schon die Elterntiere geimpft werden, weil hier der Impfschutz bereits von ihnen auf das Küken im Brutei übertragen wird. Es ist in Sachen Impfen immer von Vorteil, Mitglied in einem Zuchtverein zu sein, denn häufig helfen Vereine beim Organisieren der Kükenimpfungen.

Dieses offensichtlich geschwächte Küken leidet an Infektiöser Bronchitis; eine Schutzimpfung hätte vorab helfen können.

Anschließend möchte ich Ihnen die sieben, meiner Meinung nach wichtigsten bakteriellen und viralen Kükenkrankheiten etwas näher vorstellen. Wenigstens ein einschlägiges Fachbuch zum Thema „Geflügelkrankheiten" sollte in der Bibliothek eines Hühnerhalters aber dennoch nicht fehlen, denn aus Platzgründen kann ich die Thematik hier nur relativ oberflächlich streifen. Meine Literaturempfehlung hierzu ist: „Geflügel gesund halten" von Hellmut Woernle und Silvia Jodas.

Die wichtigsten bakteriellen und viralen Kükenkrankheiten im Überblick

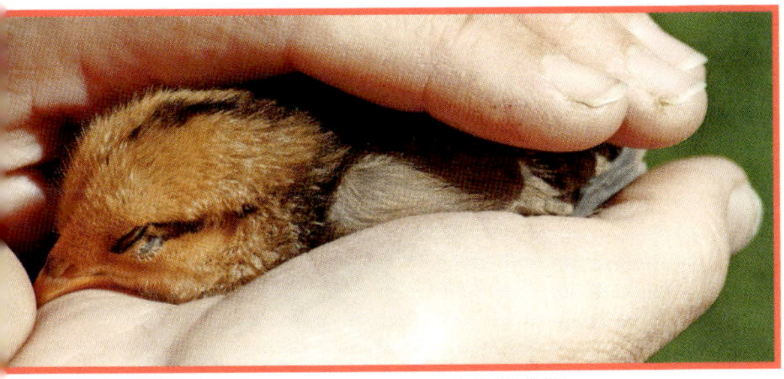

Wenn ein Küken erst einmal krank ist, gibt es häufig keine Rettung, besonders wenn schwerwiegende Viruserkrankungen im Spiel sind.

Aviäre Encephalomyelitis (AE): Unter Hühnerleuten ist diese von einem Darmvirus verursachte Erkrankung auch als Zitterkrankheit bekannt, denn betroffene Küken zeigen, neben motorischen Störungen, häufig auch ein auffälliges Zittern des Körpers und der abgespreizten Flügel. Meist sind die Tiere nicht zu retten, denn sie hätten die Schutzstoffe gegen das Virus bereits im Brutei besitzen sollen, weil diese vom Muttertier weitergegeben werden. Hier kann eine Vorabimpfung der Elterntiere schützen, allerdings müssen diese mindestens drei Wochen vor dem Einsammeln der Bruteier geimpft werden.

Am häufigsten bricht diese Erkrankung bei Küken in den ersten drei Lebenswochen aus. Erste Anzeichen können ein plötzlich auftretender unsicherer Gang sowie Schüttelkrämpfe sein. Die Diagnose kann bei Verdacht durch eine Laboruntersuchung bestätigt werden.

Infektiöse Anämie (CAA): Hierbei handelt es sich grob beschrieben um eine Art von Blutarmut, die durch ein spezielles Circovirus verursacht wird. Es erkranken zumeist Jungtiere im ersten Lebensmonat. Die Tiere verlieren dann rasch an Gewicht. Das Virus selbst ist häufig nicht tödlich, jedoch macht die Erkrankung die Küken augenscheinlich anfälliger für viele weitere Infektionen, die letztlich zum Tode führen können. Einen äußerlich sichtbaren Hinweis auf die Blutarmut kann die Blässe der Küken liefern, wozu die Hautpartien begutachtet werden müssen. Viele Küken überleben die Infektiöse Anämie und entwickeln eine Resistenz gegenüber dem Virus. Sie bleiben aber häufig auffallend unterentwickelt. Weil momentan keine gezielte Therapie bekannt ist, ist der sinnvollste Schutz eine Impfung der Elterntiere.

Infektiöse Bronchitis (IB): Die Infektiöse Bronchitis ist in Geflügelbeständen eine derart häufige Krankheit, dass viele Hühnerhalter auch im allgemeinen Sprachgebrauch nur noch lässig die Abkürzung „IB" verwenden. Mit IB wird fast jeder Hühnerhalter früher oder später einmal konfrontiert werden, denn sowohl die Jungtiere als auch die Alttiere können von diesem, zu den Coronaviren zählenden Erreger heimgesucht werden. Man stuft die Infektiöse Bronchitis gern als Erkältungskrankheit ein, weil sie bei Jungtieren zu lauten Atemgeräuschen und Niesen führen kann. Die ärmsten Tiere röcheln häufig geradezu und können schließlich nur noch durch den Schnabel atmen. Bei Alttieren finden sich diese Symptome häufig nicht, während beispielweise ein Nachlassen der Legeleistung bei den Hennen zu beobachten ist. Der Infektiösen Bronchitis kann durch Impfungen recht gut Einhalt geboten werden. Die Impfung erfolgt über das Trinkwasser und besteht aus zwei Teilen. Die Grundimmunisierung erfolgt zwischen der sechsten und achten Lebenswoche, während die Zweitimpfung zwei bis drei Monate später erfolgt. Da die Impfung keinen lebenslangen Schutz bietet, wäre in Hühnerbeständen, die regelmäßig Kontakt zu anderen Hühnern haben bzw. die regelmäßig mit Hühnern aus fremden Beständen aufgestockt werden, im Grunde genommen eine vierteljährliche Impfung zu empfehlen.

Infektiöse Bursitis: Diese, auch als Gumboro-Krankheit bekannte Viruserkrankung ist eine typische Plage, die ausschließlich Jungtiere befällt. Am anfälligsten sind die Tiere ab der dritten Lebenswoche bis hin zu einem Alter von drei Monaten. Gelegentlich bricht die Infektiöse Bursitis aber auch noch bei Tieren aus, die fast schon das Legealter erreicht haben. Ein erstes Anzeichen kann starker Durchfall sein, denn diese Viruserkrankung führt zu einer Entzündung der *Bursa babricii*, bei der es sich um ein Organ oberhalb der Kloake des Hühnervogels handelt, das für die Immunabwehr zuständig ist. Andere Symptome können Zittern und Unwohlsein in Zusammenspiel mit gesträubten Federn sein. Manche Tiere picken auch auffallend oft nach der eigenen Kloake. Bis zu einem Drittel der Küken sterben nach Ausbruch der Erkrankung, der Rest überlebt geschwächt. Eine Therapie ist momentan nicht möglich, aber man kann die Tiere impfen. Impft man die Hennen jedes Jahr, einige Wochen vor Beginn ihrer Legeperiode, geben sie den Schutzstoff durch das Ei an ihre Küken weiter.

Marek'sche Kranheit: Bei der Marek'schen Krankheit handelt es sich um ein Herpesvirus, dass sich auf der Haut des Geflügels ansiedelt und dort insbesondere die Bereiche rund um die Federkiele angreift. Küken werden in der Regel schon in ihrer ersten Lebenswoche von dem Virus befallen, der im Stallstaub monatelang überleben kann und über Hautschuppen übertragen wird. Ab der achten Woche werden infizierte Tiere auffällig, oft auch später und zuweilen erst mit einem halben Jahr. Die Symptome sind meiner Meinung nach für Laien nur schwer zuzuordnen, denn sich reichen von Durchfall und Atembeschwerden über merkwürdige Bewegungsmuster beim Laufen bis hin zu regelrechten Lähmungen von Beinen und Flügeln sowie Augenveränderungen. Die höchste Sterblichkeit findet sich zwischen der 10. und 20. Lebenswoche und liegt dann bei bis zu 50 Prozent. Möchte man impfen, sollte man das spätestens bis zum dritten Lebenstag der Küken in die Tat umsetzen. Geimpft wird durch eine Injektion. Bis zu einem gewissen Grad können Naturbrutküken durch den Kontakt zum Muttertier eine Immunität gegenüber der Marek'schen Krankheit aufbauen.

Newcastle-Krankheit: Diese von einem Paramyxovirus übertragene Krankheit wird zu Deutsch auch als atypische Geflügelpest bezeichnet und gehört zu den unheilvollsten Seuchen der Geflügelwelt, die große Bestände innerhalb weniger Tage befallen kann. Obwohl an sich keine typische Kükenkrankheit, denn betroffen sind zumeist Herden mit ausgewachsenen Legehennen, möchte ich kurz auf sie eingehen, da unter Umständen schon im Jungtieralter geimpft werden muss. In Deutschland besteht für dieses Virus nämlich eine gesetzlich vorgeschriebene Impfpflicht. Anzeigepflichtig ist ein Ausbruch der Krankheit im gesamten deutschsprachigen Raum. Aktuell wird in Deutschland gegen Newcastle in einem vierteljährlichen Rhythmus ab der sechsten Lebenswoche geimpft. Besprechen sollten Sie die genaue Vorgehensweise jedoch mit Ihrem Amtstierarzt.

Weiße Kükenruhr: Die Weiße Kükenruhr hat ihren Namen davon, dass es zumeist der weiße, stark mit Harnsäure durchsetzte Kot der Küken ist, der dem Hühnerhalter als erstes Anzeichen für eine Infektion dient. Bei den Erregern handelt es sich dabei um Varianten des Bakteriums *Salmonella entericia* und sie können schon über das Brutei von infizierten Elterntieren an die Küken weitergegeben werden. Die Küken stecken sich oft gegenseitig an. Vorab ist bei einem Befall daher in der Regel schon die Schlupfquote schlechter als üblich. Bei den geschlüpften Küken ist die Sterblichkeit ebenfalls extrem hoch und liegt bei 50 bis 90 Prozent. Da überlebende Küken ihr Leben lang schwächlich bleiben und sogar zu Dauerausscheidern des Erregers werden können, ist bei Verdacht eine Kotuntersuchung oder eine Blutuntersuchung sinnvoll.

Eine Impfung der Elterntiere ist möglich und zum Teil (Unterschiede zwischen Deutschland, Österreich und Schweiz) in kommerziellen Hühnerbeständen ab einer bestimmten Herdengröße vorgeschrieben.

Einzellige Krankheitserreger

Die schädlichsten Einzeller in der Geflügelhaltung sind sicherlich die Kokzidien, die mehrere verschiedene Erkrankungen in den Gedärmen des Federviehs verursachen können, je nach Kokzidienart. Am häufigsten treten Chronische Kokzidiose, Blinddarmkokzidiose (Rote Kükenruhr) und Dünndarmkokzidiose auf. Küken können schon ab der zweiten Lebenswoche betroffen sein und leiden stärker an einer Besiedlung ihres Verdauungstrakts durch Kokzidien als ausgewachsene Tiere. Anzeichen können „halbherziges Fressverhalten", übermäßiger Durst, Gewichtsverlust und wässriger oder rot verfärbter Kot sein,

Bei manchen Arten von Kokzidien gibt es in der Naturbrut weniger Probleme als in der Kunstbrut, weil die Küken vorab durch den Kontakt zum Muttertier damit „geimpft" werden und Resistenzen entwickeln.

je nach genauem Erreger. Die Erreger werden von befallenen Alttieren laufend ausgeschieden und können bei gemeinsamer Haltung mit den Nachzuchten die Küken ständig neu befallen. Es gibt Medikamente gegen Kokzidien, die jedoch niemals in Zusammenspiel mit einer Kokzidienimpfung zum Einsatz kommen dürfen. Als Impfstoff fungiert in diesem Fall nämlich eine abgeschwächte Form des Erregers, der sich im Verdauungstrakt der Tiere weitervermehren soll und dadurch zum Aufbau einer Immunität führt. Medikamente bzw. Kokzidiostatika würden also selbstredend auch die extra eingeimpften Kokzidienstämme schädigen. Die Impfung wird über das Trinkwasser verabreicht und erfolgt idealerweise in der ersten Lebenswoche. Man darf anschließend das Kükenheim mindestens zehn Tage lang nicht ausmisten, weil die Tiere die eingeimpften Erregerstämme nach dem Ausscheiden immer wieder neu aufnehmen sollen, damit sich die Immunität ausreichend herausbilden kann.

Weitere tierische Einzeller sind die Histomonaden, die die gefürchtete Schwarzkopfkrankheit auslösen. Weil auch Puten häufig von dieser Krankheit heimgesucht werden, wird speziell aus diesem Grund von einer gemeinsamen Aufzucht von Putenküken und Hühnerküken abgeraten.

Haar-, Spul- und Bandwürmer

Verwurmte Hühnerbestände sind keine Seltenheit, und insbesondere frei laufende Hühner sind von einem Befall parasitärer Wurmarten früher oder später betroffen. Die Haarwurmspezies *Capillaria caudinflata* gelangt durch den Verzehr von Regenwürmern in den Hühnerverdauungstrakt, denn diese fungieren als Zwischenwirte. Bandwürmer hingegen können von Schnecken übertragen werden. Keinen solchen Zwischenwirt brauchen beispielsweise die Spulwürmer, die darum auch in Hühnerbeständen auftreten, die ausschließlich in Ställen oder Volieren hausen müssen. Da die meisten parasitären Würmer nach dem Befall des Tiers eine relativ lange Entwicklungszeit haben, wird man bei ganz jungen Küken nur selten Beschwerden feststellen. Anders sieht es da schon bei den halbwüchsigen Jungtieren aus. Kontrollieren Sie regelmäßig den Kot aller Tiere auf Indizien für einen Wurmbefall (ausgeschiedene Würmer usw.) und achten Sie auch sonst auf Anzeichen für einen starken Wurmbefall, wie Mattigkeit und ein Abmagern der Tiere. Gegebenenfalls muss ein stark befallener Hühnerbestand entwurmt werden, was stets in Absprache mit dem Tierarzt Ihres Vertrauens erfolgen sollte. Auch vorbeugende Kräutermischungen mit Wurmtötern, wie dem Wermut, sind inzwischen für Geflügelhalter auf dem Markt verfügbar. Vorbeugend kann das übermäßige „Verwurmen" eines Geflügelbestands auch dadurch eingeschränkt werden, dass man beim Freigang der Tiere das Prinzip der Wechselweide anwendet. Die Tiere dürfen abwechselnd verschiedene Auslaufflächen nutzen, sodass keine Fläche „hühnermüde" bzw. überstrapaziert werden kann. Somit können Krankheitserreger und Endoparasiten wie Würmer und Kokzidien ihren Lebenszyklus nicht fortlaufend auf ein und derselben Fläche abschließen.

Bei Jungtieren sorgen parasitäre Wurmarten im Verdauungstrakt nicht selten für eine erhebliche Beeinträchtigung des Wohlbefindens. Sie werden meist im Freilauf aufgenommen.

Die rote Vogelmilbe

Auch Junggeflügel kann schon von der Roten Vogelmilbe, einem lästigen Ektoparasiten des Federviehs, geplagt sein. Weil diese Milben nachts aus ihren Verstecken gekrochen kommen und das Blut der Tiere anzapfen, können sie insbesondere kleine Küken bis hin zum Todesfall mit diesem Aderlass schwächen. Vorbeugend kann man versuchen, den Milben möglichst alle Versteckmöglichkeiten im Kükenheim zu nehmen. Allgemein ist häufiges Reinigen des Stalls angesagt, und zwar auch mit viel Wasser. Typische Milbenverstecke können, soweit möglich, abgeflämmt oder, noch besser, abgedichtet werden. Verschiedene Hausmittel, die, mit Verstand angewandt, hilfreich sein können, sind Kieselgur, Kokosöl, Laurinsäure, Urgesteinsmehl und Holzasche. Ein empfehlenswertes biologisches Milbenmittel aus Pflanzenöl ist in Deutschland und Österreich unter der Bezeichnung „Adele Milbenfrei" im Handel. Mit dessen Anwendung habe ich persönlich sehr gute Erfahrungen gemacht.

Milben, Federlinge und anderes Ungeziefer können sich bei Haubenhuhn-Rassen auch in den Federhauben verbergen; hier sind es Pawlowskaja-Küken.

Kalkbeinmilben

Die ebenfalls gefürchteten Kalkbeinmilben treten bei Küken im Normalfall noch nicht auf, können an Naturbrutküken aber sehr leicht von der Glucke übertragen werden. Begünstigt werden sie nämlich von warmen Temperaturen, weshalb brütende Hennen, die drei Wochen lang fast ununterbrochen im Nest sitzen, oft besonders schnell und heftig von diesen Milben heimgesucht werden. Meistens sind es nicht die Milben, die man zuerst bemerkt, sondern ihre Ausscheidungen, die sich wie kleine pulverartige Türmchen zwischen den einzelnen Schuppen ansammeln und bei anhaltendem Befall schließlich zu kalkartigen, harten Verkrustungen zusammenwachsen. Unternimmt man nichts, kommt es unter der Kruste schnell zu Entzündungen und Geschwüren, und solche Hühner zeigen bereits auf den ersten Blick stark angeschwollene, verdickte Beine. Keinesfalls darf man die Krusten einfach abpulen, denn dabei verletzt man die Beine zusätzlich und kann starke Blutungen damit auslösen. Der erste Schritt sollte immer das gründliche Einweichen der Verkrustungen mit einem Kriechöl sein. Seit vielen Jahrzehnten schwören Hobbyhalter hierfür auf den „Balistol-Spray". „Balistol" ist ein Kriechöl, das eigentlich aus der Waffenindustrie stammt, und sich für die Behandlung von Kalkbeinen als sehr effektiv erwiesen hat. Die Beine betroffener Tiere werden in regelmäßigen Abständen so lange mit dem Spray behandelt, bis sich die Verkrustungen leicht ablösen lassen und die Läufe wieder frei sind.

Kalkbeinmilben werden meist erst bei ausgewachsenen Tieren sichtbar. Dieser Hahn hat einen deutlichen Befall, was man an den gespreizten, krustigen Beinschuppen sieht.

Die fruchtbaren Warzenenten gehören zu den fürsorglichsten Muttertieren in der Welt des Hausgeflügels.

Andere Geflügelarten und die Naturbrut

Siehe Episode 159!

Der Trieb zum natürlichen Brüten ist nicht nur bei den Haushühnern erhalten geblieben, sondern findet sich auch bei vielen anderen domestizierten Geflügelarten, obgleich es wie bei den einzelnen Hühnerrassen große Unterschiede gibt. Legewachteln, Mastputen und Hybrid-Enten werden kaum jemals brütig, während Pfauen, Warzenenten und Landgänse regelmäßig geradezu begnadete Elterntiere hervorbringen. Auch hier gilt, je intensiver eine Rasse auf Hochleistungen hin selektiert bzw. gekreuzt wurde, desto geringer ist die Wahrscheinlichkeit, dass noch gute Bruteigenschaften vorhanden sind. Bei Perlhühnern, Fasanen, Pfauen und Gänsen wird die Brutwilligkeit zudem auffallend stark von den Haltungsbedingungen beeinflusst. Sehr unterschiedlich kann auch die Brutdauer bei den einzelnen Arten sein. Während Wachtelküken schon am 17. Tag schlüpfen, lassen sich die Küken von Warzenenten doppelt so lange Zeit und kommen oft erst am 34. oder 35. Bruttag. Hier eine Übersicht zu den Brutzeiten:

Nach nur 17 Tagen Brutzeit sind diese Wachtelküken aus dem Ei geschlüpft. In ihrer zweiten Lebenswoche sind sie bereits gut befiedert, denn Wachteln sind schnelllebige Vögel.

Brutdauer bei verschiedenen Geflügelarten

Fasan	24 bis 26 Tage
Gans	28 bis 30 Tage
Hausente	28 bis 30 Tage
Huhn	19 bis 21 Tage
Perlhuhn	27 bis 30 Tage
Pfau	28 bis 30 Tage
Pute	27 bis 29 Tage
Wachtel	17 bis 18 Tage
Warzenente	33 bis 35 Tage

Puten und Perlhühner

Ältere Hennen der leichten und mittelschweren Putenrassen geraten bei tiergerechter Haltung, mit viel Freilauf, regelmäßig in Brutlaune. Weil Putenküken empfindlicher sind als Hühnerküken, ist es wichtig, eine Naturbrut nur während der warmen Jahreshälfte zuzulassen. Kälte und Nässe in Kombination sind für Putenküken fatal, weshalb die Putenfamilie auch im Sommer während anhaltender Schlechtwetterperioden regengeschützt untergebracht sein muss. Davon abgesehen sind die Putendamen aufmerksame Führerinnen, die nicht selten 10 bis 15 Küken erfolgreich großziehen. Wie bei den Hühnern sollten auch die Putendamen für die Brut ein ungestörtes dunkles Plätzchen im Stall vorfinden. Lässt man seine Puten frei laufen, kann es passieren, dass sie unbemerkt irgendwo im Unterholz oder in einem anderen Versteck ein grobes Nest bauen und mit der Eiablage beginnen. Erst wenn das Nest voll ist und die Putendame sitzen bleibt, um mit der eigentlichen Brut zu beginnen, fällt dem Halter dann auf, dass eines seiner Tiere sich „selbstständig" gemacht hat. Immer wieder kommt es auch vor, dass Puter, also männliche Truthähne, sich an der Kükenaufzucht beteiligen oder sogar verwaiste Putenküken adoptieren. Auch Puter, die die Gelege ihrer Damen bebrüten, habe ich im Lauf der Jahre bereits mehrfach vor meine Kameralinse bekommen. Neben den kanadischen Wildputen und den klassischen Bronzeputen konnte ich vor allem bei den Rassen Cröllwitzer und Ronquières gute Muttertiere erleben.

Perlhühner ähneln Puten, was das Brutgeschäft anbelangt, in jener Hinsicht. Beide Vogelarten neigen dazu, heimlich irgendwo im Garten oder in der Wildnis zu brüten. Sie sind allerdings störungsempfindlicher und geben ihre Gelege schnell wieder auf, wenn ihnen die Umgebung zu hektisch ist. Am größten ist der Aufzuchterfolg in einer geräumigen, schön strukturierten Voliere in ruhiger Lage. Weil Perlhühner auch später, wenn sie die Küken führen, häufig für Probleme sorgen, lassen erfahrene Züchter ihre Perlhuhnküken oft lieber von einer routinierten Hühnerglucke großziehen. Zu artgemischten Bruten schreibe ich aber am Ende dieses Kapitels mehr.

Links: Die Streifenfärbung der Perlhuhnküken sorgt in den trockenen Graslandschaften Afrikas für eine gute Tarnung im Gelände.

Unten: Putenküken wachsen ähnlich wie Hühnerküken auf und werden viele Wochen lang von ihrer Glucke geführt.

Pfauenhennen brüten meist nur wenige Küken aus, um die sie sich bei guter Haltung jedoch lange Zeit kümmern.

Pfaue und Fasane

Kaum zu glauben, dass sich dieses unscheinbar gefärbte, ca. zwei Wochen alte Küken mal zu einem farbenfrohen Pfauenhahn mausern wird!

Wer Pfauen halten kann, der hat meistens auch ausreichend Platz zur Verfügung, denn ein eingesperrter Pfau ist ein trauriger Anblick. Wie die Putendamen neigen auch die Pfauenhennen dazu, heimlich im Unterholz zu brüten, weshalb Sie Ihre Tiere auch stets im Auge behalten sollten. Die Gelegegrößen sind mit vier bis acht Eiern bei den Pfauen relativ gering. Pfauenküken entwickeln sich langsam, sie sind oft erst nach drei Monaten normal befiedert und werden daher in der Regel auch mindestens so lange von der Pfauenhenne geführt. Voll ausgewachsen ist ein Pfau erst im dritten Lebensjahr. Mit verschiedenen Arten von Fasanen in Naturbrut, aber insbesondere dem klassischen Jagdfasan, verhält es sich ähnlich wie mit den Perlhühnern. Sie sind sehr störungsempfindlich und in Gefangenschaft oft unzuverlässige Glucken, weshalb Fasanenzüchter bereits seit Jahrhunderten traditionell mit Hühnerglucken als Ersatzmütter arbeiten.

Wachteln

Die meisten Wachteln, die hierzulande gehalten werden, sind der Japanischen Legewachtel zuzurechnen. Wie der Name schon verrät, sind Legewachteln darauf hingezüchtet, dass sie möglichst viele Eier in ihrer ersten Legeperiode „produzieren". Ähnlich wie bei den Hybridhühnern sind daher auch bei ihnen kaum noch Brutinstinkte vorhanden. Vereinzelte Wachteln, die dennoch brütig werden, können jedoch durchaus gute Muttertiere sein. Sie müssen für die Aufzucht der Küken getrennt von den anderen Tieren untergebracht sein. Dafür geht sogar ein „Hasenstall". Wachtelküken wachsen sehr schnell und werden von der Mutter bereits im Lauf der vierten Lebenswoche relativ aggressiv abgenabelt, weshalb sie spätestens dann von ihr getrennt werden müssen.

Diese Legewachtelküken müssen ohne Mutter aufwachsen, weil Legewachteln meist sehr schlechte Brutinstinkte haben.

Bild 1: Diese bayerischen Landgänse nehmen ihre Küken beim Ruhen in die Mitte. Landgänse gelten als wachsame Elterntiere mit starken Beschützerinstinkten.

Bild 2: Bis zu 35 Tage lang brüten Warzenenten. Sie haben von allen domestizierten Entenarten die besten Bruteigenschaften.

Bild 3: Gänseküken müssen das Schwimmen schnell erlernen, denn bei Gefahr flüchten Gänse aufs Wasser.

Enten und Gänse

Die Bruteigenschaften sind bei den einzelnen Entenrassen sehr unterschiedlich ausgeprägt. Während die leichteren europäischen Landrassen meist gute Muttertiere sind, geraten Indische Laufentendamen zwar leicht in Brutlaune, entpuppen sich aber hinterher oft als halbherzige Muttertiere. Probleme gibt es häufig auch mit sehr schweren Entenrassen wie Roenenten und Pekingenten. Die besten Mütter unter den domestizierten Enten finden sich meiner Meinung nach bei den Warzenenten.

Sie wurden ursprünglich von den mittel- und südamerikanischen Ureinwohnern als Haustiere gehalten und stammen von der wilden Moschusente ab. Warzenenten sind extrem fruchtbar, brüten zwei- bis dreimal im Jahr und kümmern sich gut um ihre Sprösslinge. Ihre relativ großen Gelege können 12 bis 18 Eier umfassen und werden bis zu 35 Tage lang bebrütet. Das ist sehr wichtig zu wissen, denn weil die Brutzeit bei europäischen Entenrassen nur 28 bis 30 Tage beträgt, kommt es immer wieder zu „Zwischenfällen“: Viele Warzenentengelege wurden von unerfahrenen Haltern schon vorschnell entfernt, weil diese dachten, dass nach dem 30. Tag eh nichts mehr schlüpfen würde.

Zuverlässige Naturbrüter finden sich auch bei allen Gänserassen aus der Gruppe der leichten Landgänse. Ganz gleich, ob Frankengans, Österreichische Landgans oder Ungarische Lockengans, sie alle geben, wenn sie erst mal ein paar Jahre alt sind, gute Elterntiere ab. Gänse verpartnern sich sehr treu, und Gans und Ganter halten zusammen wie Pech und Schwefel. So kommt den Gänseküken immer auch die Fürsorglichkeit des Ganters zugute, der seinen Nachwuchs ebenso wie die Gans beschützt.

Gänse sorgen in der Regel nur einmal im Jahr für Nachwuchs, weil sie ihre Jungen viele Monate lang führen.

„Die ungehorsamen Kinder", nannte der Maler Carl Jutz dieses Gemälde aus dem Jahr 1886. Ziemlich passend, denn es zeigt eine Truthenne, die mit dem Schwimmtrieb ihrer Entenadoptivkinder überfordert ist.

Artfremde Naturbruten bzw. gemischte Bruten

Ein interessantes Thema sind sicherlich auch die artfremden Bruten, also Bruten, bei denen Muttertier und Küken zu zwei verschiedenen Spezies gehören. Zahlreiche historische „Geflügelhofgemälde" zeigen uns ganz nebenbei solche „Multikultifamilien" und erwecken leicht den Eindruck, dass Mischbruten früher gang und gäbe waren. Tatsächlich ist es zumindest in der Fasanenzucht schon seit vielen Jahrhunderten üblich, dass Hühnerglucken Fasanenküken ausbrüten und großziehen. Zwerghühner wie das Deutsche Zwerghuhn, das Federfüßige Zwerghuhn oder das Österreichische Steinpiperl-Huhn eignen sich dafür erfahrungsgemäß besonders gut. Auch Rebhühner, Perlhühner und Truthühner können relativ problemlos von Hühnern aufgezogen werden, weil sich ihre Lebensweise, grob betrachtet, stark ähneln. Schwieriger wird es da schon, wenn beispielsweise eine Pute Entenküken großzieht oder eine Gänsedame beschlossen hat, sich einem verwaisten Hühnernest anzunehmen. Spätestens nach dem Schlupf der Küken sind Probleme vorprogrammiert. Stellen Sie sich nur mal vor, was passiert, wenn eine Gänsedame versucht, ihren Hühnerküken das Schwimmen beizubringen, falls sie diese nicht ohnehin schon vorher mit ihrem Gewicht erdrückt hat. Umgekehrt sind Hühner-, Puten- und Pfauendamen völlig hilflos, wenn ihre Wassergeflügelküken plötzlich beschließen, dass jetzt gebadet wird, und sich ins kühle Nass begeben. Irritiert stehen sie dann am Teichufer, Planschbecken, Trinkgefäß oder was auch immer sich die Adoptivkinder für ihren Badespaß ausgesucht haben, und wissen sich nicht mehr zu helfen. Sehr viele Probleme werden auch dadurch verursacht, dass artfremde Küken nicht auf die Rufe ihrer Adoptivmama hören bzw. dass sie diese falsch deuten. Hühnerküken unterkühlen bei Entenmüttern außerdem nicht selten, weil diese sie nicht ausreichend lange unter ihrem Federkleid hudern oder sie ständig nass machen, wenn sie nach einem Bad wieder zu ihren Nichtschwimmerküken zurückgehen. Sie sehen, das Thema ist weniger lustig als einem diverse historische Gemälde mit Hühnerhofszenerien weismachen wollen. Gemischte Bruten sind nur etwas für erfahrene Tierhalter und verlangen einiges an Fingerspitzengefühl. Für die erste Naturbrut in Ihrem Garten würde ich eine Brut innerhalb der Art empfehlen.

Zehn Hühnerrassen mit guten Brut-eigenschaften

Vorwort zu den Rassen

Wie im Hauptteil dieses Buches bereits mehrfach von mir erwähnt, kann theoretisch fast jede Hühnerrasse in Brutlaune geraten. Selbst die extrem einseitig auf Legeleistung selektierten Hybridhühner bringen zuweilen mal eine gute Glucke hervor.

Grundsätzlich kann man also mit einer Vielzahl von unterschiedlichen Hühnerrassen gute Aufzuchtergebnisse erzielen, zumal Faktoren wie die Haltungsbedingungen und die Fütterung eine nicht unwesentliche Rolle spielen. Dennoch ist es in der Welt der Hühnerzucht kein Geheimnis, dass bestimmte Rassen besonders häufig und zuverlässig gluckig werden und andere Rassen bei Fürsorglichkeit und Mütterlichkeit übertreffen.

Abschließend möchte ich Ihnen in diesem Buch zehn Hühnerrassen vorstellen, die sich aus verschiedenen Gründen herausragend für eine gelungene Naturbrut eignen. Ich habe dabei auf eine gute Mischung geachtet, sodass für unterschiedliche Anforderungen und Haltungsbedingungen, aber auch schlichtweg für jeden Geschmack eine Empfehlung dabei ist. Die Miniaturrassen werden so von den Seramas aus Malaysia und den japanischen Chabos vertreten, während Fans von alten Landrassen mit der Vorstellung von Steinpiperl- und Proveis-Ultentaler-Hühnern voll auf ihre Kosten kommen. Auch Moderassen, wie das Ayam-Cemani-Huhn, und Zweinutzungsrassen, wie das Sulmtaler-Huhn dürfen nicht fehlen, ebenso wie die beiden absoluten Naturbrutklassiker „Seidenhuhn" und „Zwerg-Wyandotte". Um alle Rassen, die gute Bruthennen hervorbringen können, gebührend vorzustellen, fehlt mir in diesem Ratgeber leider der Platz. Selbstverständlich ist mir bewusst, dass auch Brahmas, Zwerg-Cochins, Federfüßige Zwerghühner oder beispielsweise Javanesische Buschhühner gute Bruteigenschaften aufweisen, aber wie schon in meinen anderen Büchern vertrete ich auch in diesem Werk die Philosophie, dass umfangreiche Porträts zu erlesenen Rassen letztlich wertvoller sind als tabellenartige Auflistungen vieler verschiedener Rassen.

Bilder 1 und 2: Als Nachfahren Steirischer Landhühner haben sich Altsteirer gute Muttereigenschaften bewahren können.

Bild 3: Altsteirer Küken des Farbschlags „Wildbraun" tragen als Küken eine Tarnfärbung aus Brauntönen.

Bild 4: Diese Altsteirer-Küken sind in der zweiten Lebenswoche bereits gut befiedert.

Altsteirer HÜHNERZUCHT WIE DAMALS

Siehe Episode 55!

Altsteirer-Hühner stammen, wie der Name bereits verrät, aus dem Südosten Österreichs und sind die direkten Nachfahren des ausgestorbenen Steirischen Landhuhns. Auch wenn die modernen Altsteirer eindeutig durchgezüchtete Rassetiere sind, mit standardisierten Eigenschaften, so entsprechen sie vom Typus her dennoch einem klassischen Bauernhuhn vergangener Tage. Die beiden häufigsten Farbvarianten bei der Rasse sind Weiß und Wildbraun. Hähne des wildbraunen Farbschlags ähneln jenen aus alten Kinderbüchern. Auch der kleine Federschopf am Hinterkopf aller Altsteirer ist kein Hochzuchtmerkmal, sondern seit vielen Jahrhunderten für diverse Landhuhnschläge Europas belegt, wie alte Gemälde zeigen. Wenn eine Hühnerrasse in ihrem ganzen Auftreten so traditionell auf den Betrachter wirkt wie das Altsteirer-Huhn, dann möchte man annehmen, dass sie sich entsprechend auch für die Hühnerzucht wie anno dazumal eignet, sprich, dass gute Gluckinstinkte vorhanden sind. Widersprüchlicherweise liest man über das Altsteirer-Huhn in der Literatur jedoch häufig, dass es nicht sehr brutfreudig wäre, vielmehr sogar eine reine Legerasse wäre. Aus diesem Grund habe ich das Altsteirer-Huhn lange Zeit nicht als gute Rasse für das natürliche Brüten in Betracht gezogen und fand es sogar generell eher langweilig. Später wurde ich Schritt für Schritt eines Besseren belehrt. Erst waren es nur vereinzelte Altsteirer-Hennen mit Küken, die mir mal hier auf einem Bauernhof, mal dort in einem Tierpark aufgefallen sind. Ich dachte zunächst noch, dass es sich dabei wohl um Ausnahmen handeln würde. Doch dann lernte ich Andi kennen, einen

Bild 5: **Die Altsteirer-Glucke gönnt sich ein Staubbad für die Gefiederpflege.**

Bild 6: **Die Küken von den weißen Altsteirern sehen wie klassisch gelbe Kinderbuchküken aus.**

Rassezüchter, der preisgekrönte Altsteirer des Farbschlags Wildbraun für Geflügelausstellungen züchtet, und zwar mit Naturbrut!

Wenn man in Andis Hühnergarten zu Besuch ist, kann es in den Frühlings- und Sommermonaten sein, dass er gerade zwei, drei oder gar vier Altsteirer-Glucken mit Kükenschar gleichzeitig hat. Äußerst erstaunlich für eine Rasse, der man gute Muttereigenschaften abgesprochen hat. Ich dachte viel über diesen Widerspruch zwischen Theorie und Praxis nach, überlegte, woran es liegen könnte, dass Altsteirer so liebevolle Muttertiere abgeben und dennoch nicht für diese Besonderheit bekannt sind. Letztlich kam ich zu dem Schluss, dass es wohl an den Haltungsbedingungen liegen müsse, und konnte auch in der einschlägigen Fachliteratur mittlerweile Bestätigung für diese zunächst noch vage Annahme finden (siehe dazu das Fachbuch, „Hühnerzucht heute" von Armin Six).

Altsteirer schreiten nur dann zur Fortpflanzung, wenn sie sehr tiergerecht und natürlich gehalten werden, mit viel Auslauf und abwechslungsreicher Fütterung. Sie erinnern damit an Wildtiere im Zoo, die in beengten Gehegen auch nicht immer für Nachwuchs sorgen mögen. Altsteirer zählen zu einer Gruppe alter europäischer Hühnerrassen, für die es charakteristisch ist, dass sie nie vollständig domestiziert wurden.

Über viele Jahrhunderte hinweg, bevor intensivere Haltungssysteme in Mode kamen, war es in Europa kaum üblich, Hühner auf Zahmheit und einen ruhigen Charakter hin zu züchten. Überhaupt konnte von gezielter Zucht meist nur bedingt die Rede sein, denn die Tiere hatten zwar einen Stall und gehörten einem bestimmten Besitzer, durften in der Regel aber tagsüber frei herumlaufen und sich auch selbstständig fortpflanzen. So suchten sie sich nicht nur den Großteil ihres Futters selbst, sondern mussten auch selbst auf sich aufpassen, wenn Fuchs, Marder, Habicht und Co. auf den Plan gerufen wurden. Diese sehr natürliche Haltungsform führte zu halbwilden Rassen, die sich bis heute nur richtig wohlfühlen, wenn man ihnen die gewisse Freiheit lässt. Selbstverständlich mussten sich alle alten Rassen früher auch durch Naturbrut vermehren, denn Kunstbrut gab es ja noch gar nicht. Sie wären sogar ausgestorben, hätten sie keine Brutinstinkte gehabt. Auch heute lässt sich der vermeintlich verloren gegangene Bruttrieb daher wiedererwecken, wie man am Beispiel der Altsteirer sieht. Andere alte Hühnerrassen mit versteckten Muttertalenten sind die Ardenner, die Brabanter Bauernhühner, die Bergischen Kräher, die Appenzeller Spitzhauben, die Thüringer Barthühner, die Polnischen Grünfüßer, die Dänischen Landhühner und die Lakenfelder. Alle diese Rassen entscheiden sich unter guten Voraussetzungen immer wieder dafür zu brüten und widersprechen damit der vorherrschenden Meinung über sie in der Fachliteratur.

Bild 7: **Besonders den weißen Altsteirern werden gute Bruteigenschaften oft abgesprochen, dabei geraten sie bei einwandfreier Haltung sogar mehrmals im Jahr in Brutlaune.**

1

Bild 1: Cemani-Hennen gelten in ihrer Heimat Indonesien seit jeher als begnadete Muttertiere.

Ayam Cemani EINE MODERASSE MIT MUTTERQUALITÄTEN

Siehe Episode 98!

Die im wahrsten Sinne des Wortes kohlrabenschwarzen Ayam-Cemani-Hühner aus Südostasien waren in der Welt der Hühnerzucht eine der ganz großen Modeerscheinungen der letzten Jahre. Jeder wollte plötzlich diese mystisch anmutenden Hühner mit dem schwarzen Federkleid, das bei bestimmtem Lichteinfall lila und grün schillert, sein Eigen nennen. Große Mengen dieser Hühner wurden daher nachgezüchtet und für teilweise haarsträubende Summen weiterverkauft.

Auch die Gastronomie sprang hier und da auf den Ayam-Cemani-Zug auf und servierte den zahlungswilligen Gourmets das ebenfalls tiefschwarze Fleisch dieser „Luxushühner" als von preisgekrönten Haubenköchen zubereitetes „Schmankerl". Um der starken Nachfrage nach den Ayam Cemanis gerecht zu werden, wurde die Rasse fast nur noch mit den Methoden der Kunstbrut vermehrt, was sehr schade ist, denn die Cemani-Hennen sind seit jeher begnadete Brüterinnen. In ihrer Heimat, dem Inselstaat Indonesien, wo sie auf Java seit vielen Jahrhunderten bekannt sind, werden Ayam Cemanis fast ausschließlich über die Naturbrut vermehrt. Erfahrene Hennen geraten mehrmals im Jahr in Brutlaune und führen den Nachwuchs so lange, bis dieser gewiss für sich selbst sorgen kann. Gegenüber Feinden, wie streunenden Katzen und Hunden, wissen sich die Cemani-Glucken zu behaupten und sind diesen, dank ihres aufmerksamen Wesens, stets einen Schritt voraus. Auch an Unterernährung müssen die Küken selten leiden, denn eine Cemani-Mutter ist gut darin, Futter für den Nachwuchs zu suchen sowie diesem das selbstständige Scharren nach Fressbarem aufzuzeigen. Bei der in Europa und Amerika eingeführten Ayam-Cemani-Population ist dieser ursprüngliche und stark entwickelte Trieb zur Naturbrut glücklicherweise aktuell noch ausreichend vorhanden. Würde man die Rasse jedoch über viele Generationen hinweg nur noch über Kunstbrut vermehren, bestünde die Gefahr, dass die alten Instinkte immer schwächer werden und verloren gehen. Ich möchte Ayam-Cemani-Züchter daher dazu aufrufen, ihre Cemani-Hennen auch mal brüten zu lassen. Eine Cemani-Henne mit Nachwuchs bietet einen schönen Anblick, denn auch die Küken sind bereits schwarz beflaumt, mit dunkelgrauen Schnäbeln und Läufen.

Cemani-Küken sind hierzulande in den ersten beiden Lebenswochen etwas kälteempfindlicher als europäische Hühnerrassen, was daran liegt, dass sie sich anfangs relativ langsam befiedern. Sie

entwickeln zwar schnell Federn an den Flügeln, der restliche Körper behält jedoch vergleichsweise lange das kükentypische Flaumkleid. Vermutlich ist das im warmen Klima der indonesischen Heimat kein Nachteil, hierzulande sollte man als Züchter jedoch darauf achten, dass die Cemani-Küken anfangs an kühlen Regentagen nicht zu viel mit der Glucke draußen herumlaufen. Ansonsten sind Cemani-Küken sehr raschwüchsig, lebhaft und selbstständig. Sie üben sich früh an der Hackordnung, und die jungen Hähne müssen daher spätestens nach dem Abnabeln von der Glucke getrennt werden, wo beengte Platzverhältnisse vorherrschen. Vermutlich fließt in den Adern der Ayam Cemanis auch einiges an Kämpferblut mit, alles in allem sind sie aber vom Typus her sehr natürliche Hühner. Der ganze Körperbau der Rasse strahlt eine gewisse Eleganz und Leichtigkeit aus, ähnlich dem des Wildhuhns, und so kann man hier, trotz der angezüchteten tiefschwarzen Farbe, von einem sehr naturbelassenen Huhn reden. Ayam-Cemani-Hennen sind auch gute Muttertiere für die Aufzucht anderer Hühnerrassen; so fand ich beispielsweise einmal den Anblick einer Cemani-Glucke, mit silbernen Küken des hochgradig gefährdeten Brabanter Bauernhuhns, sehr erfrischend und aufmunternd.

Bild 2 und 3: Farblich verändern sich Cemani-Küken nicht während des Heranwachsens. Die beiden Eintagesküken auf dem ersten Bild sind genauso kohlrabenschwarz wie der sieben Wochen alte Junghahn auf dem zweiten Bild.

Bild 4: Diese Cemani-Küken sind eine Woche alt und üben heute zum allerersten Mal das „Synchronbaden" in der Strohwanne.

Bild 5: Cemani-Küken entwickeln sich rasch, denn sie schauen sich beispielsweise schnell von ihrer Mutter ab, was so alles fressbar ist.

Bild 6: Cemani-Glucken ziehen auch die Küken anderer Rassen zuverlässig auf; hier ist es der Nachwuchs von Brabanter Bauernhühnern.

Bild 1: Diese Chabo-Glucke darf mit ihrer bunten Schar verschiedener Zwerghuhnküken einen ersten Gartenausflug machen.

Bild 2: Chabos gelten bereits seit vielen Jahrhunderten als empfehlenswerte Rasse für die Naturbrut.

Bild 3: Im Alter von zwei Wochen wirkt dieses Chabo-Küken noch ziemlich gelblich.

Chabo SUPERGLUCKEN IM KLEINFORMAT

Siehe Episode 46!

Viele der allerkleinsten Hühnerrassen, aus der Gruppe der sogenannten „Urzwerge", sind ausgezeichnete Brüter, mit gut ausgeprägten Mutterinstinkten, und werden von der einschlägigen Fachliteratur auch regelmäßig als „Ersatzglucken" für größere Hühnerrassen empfohlen. Zu diesen Rassen zählen die Federfüßigen Zwerghühner, die Zwerg-Cochins, die Antwerpener Bartzwerge und die Chabos. Letztere sollen daher stellvertretend für die anderen Superglucken unter den Urzwergen näher vorgestellt werden. Chabo-Hähne bringen meist 600 bis 700 Gramm auf die Waage, während die Hennen mit 500 Gramm noch mal deutlich leichter sind. Die ursprüngliche Heimat der Fliegengewichte ist Japan, wo Chabos traditionell in Gärten gehalten werden und sowohl auf einen ruhigen Charakter als auch hohen Zierwert hin gezüchtet wurden. Man spricht daher in Fachkreisen von einer Rasse mit sehr hohem Domestikationsgrad (im Gegensatz zu vielen alten europäischen Hühnerrassen, die sich häufig noch halbwild verhalten und daher einen geringen Domestikationsgrad aufweisen). Es gibt mehrere verschiedene Typen von Chabos, die alle jedoch eine steil aufgerichtete Schwanzhaltung, auffallend kurze Beine und überproportional große Kämme bei den Hähnen als typische Chabo-Merkmale gemeinsam haben.

Spätestens in der Mitte des 19. Jahrhunderts sollen Chabos erstmals ihre japanische Heimat verlassen haben und als „Lebendexporte" an europäische und amerikanische Häfen verschifft worden sein. Selbstverständlich sorgten sie in der westlichen Welt für einen verwunderten Aufschrei in der Hühnerzucht. Derart kleine Hühner sah man nur selten und auch die ungewöhnliche Zutraulichkeit der Rasse fiel sofort auf. Schnell entstanden neue Chabo-Zuchten in vielen bunten Farbvarianten, und bis heute zählen Chabos weltweit zu den beliebtesten und bekanntesten Hühnerrassen in der Hobby- und Rassezucht. Chabo-Hennen kommen mehrmals

Bild 4: **Chabos gibt es auch in einer gelockten Variante mit Struppgefieder.**

Bild 5: **Diese sechs Wochen alten Chabo-Küken wurden gerade von ihrer Mutter abgenabelt und nehmen das scheinbar relaxt.**

Bilder 6 und 7: **Die beiden Küken auf dem ersten Bild werden eindeutig Hähne, denn sie haben schon sehr große Kämme. Bis sie so prachtvoll wie ihr Vater werden, vergehen aber noch einige Monate.**

im Jahr in Brutlaune, das erste Mal häufig schon im März. Im Verhältnis zur geringen Körpergröße sind die cremeweißen Chabo-Eier überproportional groß, weshalb man einer Chabo-Glucke nicht mehr als neun Eier zumuten sollte. Bei größeren Gelegen besteht die Gefahr, dass sie nicht alle Eier ausreichend mit ihrem Gefieder bedecken kann. Lässt man eine Chabo-Henne die meist größeren Eier anderer Rassen ausbrüten, bewähren sich in der Regel Gelegegrößen von fünf bis sechs Eiern bestens. Der ruhige Grundcharakter aller Chabo-Glucken überträgt sich auch auf die Küken anderer Rassen, weshalb es durchaus Sinn machen kann, wenn Wildfänge, wie Zwerg-Welsumer, Zwerg-Italiener oder Steinpiperl, von einer Chabo-Glucke ausgebrütet und aufgezogen werden. Sie sind dann später vielleicht etwas zutraulicher und gelassener, als es ansonsten für Vertreter ihrer Rasse typisch wäre. Wegen der rassetypisch verkürzten Beine können Chabo-Glucken nicht schnell laufen, was eventuell zum Problem werden kann, wenn sie die Küken von langbeinigen, „sportlichen" Rassen großziehen. Ab einem Alter von zwei bis drei Wochen werden Küken nämlich immer expansionsfreudiger, und eine kleine, langsame Chabo-Glucke ist dann auf einer größeren Fläche schnell damit überfordert, ihrer flinken Kükenschar überallhin hinterher „wackeln" zu müssen. Aus diesem Grund ist es ratsam, die Chabo-Glucke ihr Brutgeschäft in einem begrenzten Gehege erledigen zu lassen. Sie hat dann weniger Stress mit der „Kinderbeaufsichtigung". Ohnehin müssen Chabos wegen ihrer geringen Größe meist katzensicher untergebracht werden und sind daher eine typische Rasse für Gartenvolieren. Die große Freiheit, wie beispielsweise auf einem Bauernhof, hat sich für die Chabo-Haltung nie bewährt, ebenso wie für andere extrem kleine Hühnerrassen. Die kleinste Rasse von allen, das Serama-Huhn, möchte ich Ihnen auf Seite 115 noch einmal extra vorstellen.

Bild 1: Viele Proveis-Ultentaler-Küken zeigen ein Tarnkleid ähnlich dem von Wildhühnern und besitzen daher auch die markanten Augenstreifen.

Bild 2: Farblich verkörpern Proveis-Ultentaler die natürlichste noch verbliebene Hühnerrasse des Alpenraums. Hahn und Henne sehen aus wie auf alten Hühnerhofgemälden.

Bild 3: Die ganz hellen weizenfarbigen bis zimtfarbenen Varianten des Proveis-Ultentaler-Huhns sind heute besonders selten zu finden. Meist sind diese als Küken deutlich heller als im ausgewachsenen Zustand, wie dieses Foto von meiner Junghenne Goldie verdeutlicht. Alter: drei Tage bis fünf Wochen.

Proveis-Ultentaler

EINE LANDRASSE MIT NATURBRUTTRADITION

Siehe Episode 91!

Auch heute noch gibt es Hühnerrassen, die durchgehend, von Hühnergeneration zu Hühner generation, bis zum jetzigen Zeitpunkt, ausschließlich über Naturbrut vermehrt wurden. Ein solches Beispiel ist das Proveis-Ultentaler-Huhn aus Südtirol, welches ohne den Bruttrieb der Hennen längst ausgestorben wäre. Viele Jahrzehnte lang führte diese Hühnerpopulation ein Schattendasein, nahezu unbemerkt auf wenigen, abgelegenen Südtiroler Bergbauernhöfen. Die Tiere vermehrten sich selbstständig und konnten dadurch lange genug überleben, um der Proveiser Bäuerin Monica Brunelli-Thaler ins Auge zu fallen, die seit 2016 die Erhaltungszucht der Rasse leitet. Von den letzten Beständen hat sie die wertvollsten Zuchttiere zusammengesucht und so mehrere Zuchtstämme dieser letzten, noch existierenden, alten Hühnerrasse des gesamten Tiroler Alpenraums bilden können. Bei jedem meiner Besuche auf Monicas Hof waren dort auch Glucken mit Küken zu sehen, und so bleiben die unverfälschten Brutinstinkte der Proveis-Ultentaler-Hühner wohl auch in den künftigen Generationen weiterhin erhalten. Doch was ist denn nun ein Proveis-Ultentaler-Huhn eigentlich genau und wie sah seine Zuchtgeschichte aus, bevor es beinahe ausgestorben wäre? Proveis-Ultentaler sind eine alte Landrasse, die einst durch die regen Handelsbeziehungen zwischen Mittelitalien und Südtirol entstanden ist. Noch im 19. Jahrhundert hielten die Bergbauern Südtirols ähnlich bunte Landhühner, wie man sie zu der Zeit auch in allen anderen Regionen Mitteleuropas

4

Bild 4: In einer größeren Gruppe von Proveis-Ultentaler-Küken ist meist jedes einzelne Tiere anhand seiner speziellen Farbtönung identifizierbar.

vorwiegend antraf. Mit dem Ende des 19. Jahrhunderts kam es dann allerdings immer mehr in Mode, sich legefreudigere Hennen aus Italien zu kaufen, bei denen es sich um Landhühner im Mittelmeertyp gehandelt haben dürfte. Solche Hennen konnten die Südtiroler Bauern auf dem berühmten Mühlbacher Markt erwerben.

Man kaufte solche Hennen und gab sie einfach zu den alteingesessenen Beständen dazu. So wurden die ursprünglichen Gebirgshühnertypen sacht, aber doch systematisch, von den italienischen Hühnern veredelt. Im Ultental sowie im Dörfchen Proveis und in dessen Nachbargemeinden entstand durch diese Veredelungszucht im Lauf des 20. Jahrunderts ein völlig neuer Hühnertypus, den wir heute als Proveis-Ultentaler-Huhn bezeichnen. Typische Proveis-Ultentaler-Hühner zeigen als Grundfarbe stets eine Variante oder eine Abwandlung der Wildfarbe und können daher farblich zwischen hellem Gold-Weizenfarbig über Rebhuhnfarbig bis hin zu Dunkelbraun variieren. Alle diese Grundfarben können sowohl in Kombination mit weißen Flecken (Mottled-Scheckung) als auch ohne diese Scheckung auftreten. Dadurch findet sich innerhalb gewisser Grenzen eine hohe Vielfalt an Farbtönen und Farbkombinationen, die diese Rasse optisch abwechslungsreich macht. Typische Rassemerkmale sind auch die stets gräulichen bis graublauen Läufe sowie der mittelgroße bis große Einfachkamm. Die Hähne der Proveis-Ultentaler-Hühner sind stets kunterbunt gefärbt und tragen typischerweise eine sehr lange Schwanzbefiederung. Bei manchen Hähnen biegen sich die Hauptsicheln elegant bis fast auf den Boden hinab. Proveis-Ultentaler-Küken sind, wie ich inzwischen aus persönlicher Erfahrung bestätigen kann (im Sommer 2019 durfte eine meiner Sandschak-Kräher-Hennen acht Proveis-Ultentaler-Küken aufziehen), sehr robust, lebhaft und intelligent. Sie lernen schnell, werden früh selbstständig und sind anderen Rassen auch in puncto Hackordnung oft überlegen. Optisch sind die Proveis-Ultentaler-Küken meiner Meinung nach die reinste Augenweide und man kann sich anfangs kaum an ihnen sattsehen: Ein Großteil der Küken zeigt in den ersten Lebenswochen das gestreifte Tarnkleid der Wildhühner. Manche Küken erinnern damit regelrecht an Fasanenküken oder Wachtelküken, und selbst der Vergleich mit Frischlingen oder Streifenhörnchen kam bei den Happy-Huhn-Zuschauern schon auf.

Bild 1: Bei Seidenhühnern ist es nichts Ungewöhnliches, dass zwei Glucken eine Kükenschar gemeinsam im Team großziehen.

Seidenhühner NATURBRUT AM LAUFENDEN BAND

Siehe Episode 37!

Von Hühnerfreunden werden Seidenhühner scherzhaft als „Dauerglucken", „Brutmonster" oder „lebende Brutmaschinen" bezeichnet. Allen diesen Spitznamen liegt die häufige Beobachtung zugrunde, dass Seidenhühner einen außergewöhnlich stark entwickelten Bruttrieb haben können. Insbesondere ältere Seidenhennen werden oft schon mitten im Winter, vor allen anderen Hühnerrassen, gluckig und würden, wenn man sie ließe, bis zu dreimal im Jahr Küken aufziehen. Sie erledigen das Ausbrüten der Eier mit stoischer Gelassenheit und kümmern sich nach dem Schlupf überdurchschnittlich lange um den Nachwuchs. So manche Seidenglucke hat den perfekten Moment für die Abnabelung ihrer halbwüchsigen Küken schon verpasst und bemuttert ihre Sprösslinge dann noch intensiv, wenn diese eigentlich schon längst selbstständig sein sollten. Besonders lustig kann so was für den Betrachter aussehen, wenn die Seidenhenne keine Küken ihrer eigenen Rasse großgezogen hat, sondern der Halter sie als Leihmutter für weitaus größere Hühnerrassen verwendet hat. Eine Seidenhenne mit einer Schar halbstarker Brahmas, Sundheimer oder Mechelner, die längst doppelt so groß sind wie sie selbst, muss einen einfach zum Lachen bringen. Tatsächlich werden Seidenhühner seit jeher von Rassezüchtern auch speziell dazu angeschafft, Eier von Rassen mit schwachem Bruttrieb auszubrüten. Eine Seidenhenne zieht in der Regel die Küken nahezu aller Rassen problemlos auf, und das ist gerade bei den besten Glucken der Hühnerwelt keineswegs eine Selbstverständlichkeit, wie Sie im Kapitel über Steinpiperl-Hühner nachlesen können (s. Seite 122).

Weil Seidenhühner vergleichsweise ruhige Tiere sind und aufgrund ihres zerschlissenen Federkleids kaum fliegen können, überträgt sich ihr wenig „flatterhaftes" Wesen häufig auf die Küken. Eine menschenvertraute Seidenglucke führt die Küken meist gern an den Halter heran und zeigt ihnen so, dass sie von Menschenhand nichts zu befürchten haben. Hühner, die ihre Kindertage mit einer Seidenhenne verbracht haben, können also unter Umständen tolle, zahme Gartenhühner abgeben. Wenn Sie Seidenhühner als Glucken verwenden möchten, sollten Sie auf jeden Fall das ungewöhnliche Äußere der Seidenhühner bedenken, denn die Sondermerkmale, wie Seidengefieder, befiederte Läufe, Bart und Federhaube sowie zusätzliche Zehen (ja, Seiden-

Bild 2: Diese Seidenhenne hat selbst nicht gebrütet, aber dennoch unterschiedlich alte Küken der Rassen Steinpiperl und Sulmtaler adoptiert.

Bild 3: Fünf Wochen sind zwischen erstem und zweitem Bild hier vergangen. Wie man sieht, bekommen auch Seidenküken an den Schwingen einige „normale" Federn.

Bild 4: Obgleich ein seltener Anblick, kann manchmal sogar ein Seidenhahn in Brutlaune geraten, so wie der schwarze Gockel hier.

hühner haben tatsächlich fünf oder sechs Zehen pro Fuß) verlangen vonseiten des Halters stets Aufmerksamkeit. Die Fußbefiederung verschmutzt auf schlammigen Auslaufflächen leicht, und wenn die Küken dann unter der Glucke sitzen, werden sie automatisch auch schmutzig. Durch hohes nasses Gras sollten Seidenhühner nicht laufen müssen, weil sie leicht Erkältungskrankheiten bekommen, wenn sich ihr Gefieder jedes Mal vollsaugt. Seidenhühner sind daher ideal für relativ saubere Gärten, mit kurz gehaltenen Rasenflächen und teilüberdachten Freigehegen, mit trockener Sandeinstreu oder Ähnlichem. Da es Küken, ganz gleich welcher Rasse, aber ohnehin guttut, wenn sie zu Beginn ihres Lebens sehr behütet untergebracht sind, ist so eine Umgebung von Vorteil. Ob Sie nun Seidenhühner als reine Rasse züchten wollen oder sich nur einzelne Seidenhennen als Glucken zulegen möchten, Seidenhühner sind auf jeden Fall großartige Gartenhühner und gehören sicherlich zu jenen Rassen, für die man Kinder am einfachsten begeistern kann. Historisch belegt sind Seidenhühner bereits seit unzähligen Jahrhunderten in Südostasien und daher eine uralte Rasse. Als sensationelle Kreuzung zwischen Kaninchen und Hahn wurden sie dem staunenden Publikum einst gar auf Jahrmärkten präsentiert, und wo immer sie auch hingebracht wurden, sorgten sie für Verblüffung und Bewunderung. Meine Bewunderung ist ihnen aber in erster Linie wegen der guten Mutterinstinkte gewiss.

Bild 1: Gelassen rastet diese Serama-Glucke mit ihren Küken im halbhohen Gras und genießt die Sommersonne.

Serama DIE KLEINSTEN GLUCKEN DER WELT

Siehe Episode 148!

Das Serama-Huhn aus Malaysia gilt offiziell als die kleinste Hühnerrasse der Welt. Noch kleiner lassen sich Hühner nicht mehr züchten, denn die kleinsten Rassevertreter bringen gerade einmal 350 Gramm auf die Waage. Die geringe Körpergröße findet sich hierbei in Kombination mit einer außerordentlich stolz wirkenden, steil aufrechten Körperhaltung, bei der die Brust nach vorn gedrückt wird. Viele Betrachter finden das geradezu unwiderstehlich charmant. Weil Seramas zudem eine extrem große Farbenvielfalt in puncto Gefiederfärbung aufweisen können und sich munter und zutraulich verhalten, sind sie bei Hobbyhaltern mit wenig Platz selbstredend sehr beliebt. Weltweit werden sie inzwischen auch für Kinder bzw. Nachwuchszüchter gern als „erste eigene Hühner" angeschafft, und man bekommt oft den Eindruck, dass diese Rasse mehr Heimtier als Nutztier ist. Tatsächlich werden Seramas in Indonesien häufig von den Leuten wie Stubenvögel in kleinen Käfigen direkt in den Wohnhäusern gehalten. Sehr tiergerecht ist diese Haltungsform nicht, aber genau für solche beengten Verhältnisse wurde diese Rasse ursprünglich überhaupt erst „kreiert". Man erzüchtete im Lauf des 20. Jahrhunderts in Malaysia gezielt besonders kleine Hühner, die quasi jedermann halten kann, egal wie klein seine Wohnung auch sein mag. Heute ist die Serama-Zucht in manchen Ortschaften Malaysias ein regelrechter Volkssport geworden, bei dem es nur noch darum geht, den schönsten und stolzesten Miniaturhahn zu besitzen. Die Tiere werden auf viel besuchten Ausstellungen bewertet und mit einem Punktesystem beurteilt, gar nicht so unähnlich, wie auch bei uns in Europa die Geflügelschauen ablaufen. So viel dazu, woher Serama kommen und warum sie so einen besonderen Stellenwert in der Hühnerwelt haben.

Nun aber zu den Bruteigenschaften der Serama-Hennen. Obwohl winzig klein, sind Seramas gute Glucken und fanatische Naturbrüter, die

Diese vier Bilder zeigen die rasche Entwicklung eines jungen Seramahahns: 2. Lebenswoche (Bild 2), 8. Lebenswoche (Bild 3), 12. Lebenswoche (Bild 4), 18. Lebenswoche (Bild 5).

sommers wie winters in Brutlaune geraten können. Zum einen kennen Seramas hierbei aufgrund ihrer tropischen Heimat kein Jahreszeitengefühl, zum anderen durchleben sie auch nicht wie andere Hühnerrassen eine zweimonatige herbstliche Mauserpause, die sie vom Brüten abhalten würde. Die meisten Seramas wechseln ihr Gefieder nämlich nicht, wie andere Hühnerrassen, einmal im Jahr vollständig aus, sondern erneuern schrittweise, über das ganze Jahr verteilt, einzelne Bereiche ihres Federkleids. Wer sich Seramas zulegt, muss also zu jeder Zeit mit Glucken rechnen und sollte sie stets rechtzeitig wieder entglucken, wenn sie zu ungünstigen Jahreszeiten brüten möchten. Eine weitere Besonderheit bei Seramas ist die verkürzte Brutdauer. Während Küken üblicherweise 21 Tage Entwicklungszeit bis zum Schlupf aus dem Ei brauchen, benötigen Seramas häufig nur 19 Tage. Sie schlüpfen also zwei Tage früher, und wer damit nicht rechnet, kann überrascht werden oder ist vielleicht an dem Tag, wenn es darauf ankommt, gar nicht zu Hause. Typisch für Serama-Hennen ist es auch, dass sie nicht durchlegen, sondern in Abständen, mehrmals über das ganze Jahr verteilt, eine Serie von Eiern legen, die in etwa einer natürlichen Gelegegröße entspricht. Damit verausgaben sich die Hennen dieser Rasse nicht, sondern investieren quasi immer nur so viel Energie in die Eier, wie es für die Fortpflanzung Sinn macht. So mancher Züchter, der Seramas „effektiv" künstlich ausbrüten wollte, hat sich daran schon die Zähne ausgebissen, weil es nur schwer möglich ist, von einer Zuchtgruppe innerhalb kürzester Zeit eine größere Menge von Eiern zu sammeln. Die Hennen legen nie alle gleichzeitig und auch nie lang anhaltend. Mein Vorschlag wäre daher, die Seramas einfach durch Naturbrut zu vermehren. Sie machen das wirklich gut und ihre Fortpflanzungsbiologie ist perfekt dafür ausgelegt. Bei den, bedingt durch ihre geringe Größe, relativ empfindlichen Serama-Küken ist unter Kunstbrutbedingungen zuweilen eine hohe Sterblichkeitsrate in den ersten Lebenstagen zu beobachten. In der Naturbrut, von der Serama-Mama aufgezogen, ist das auffallend anders. Hier überleben mehr Küken und selbstverständlich gibt es dafür auch einen Grund: Kunstbrut-Serama-Küken sind anfangs sehr schwach und sie schaffen es in den ersten Lebenstagen häufig nicht, selbstständig zwischen der künstlichen Wärmequelle und den kühleren Zonen ihres Kükenheims zu wechseln. Sie überhitzen daher oder kühlen aus, was auf Dauer tödlich ist. Naturbrut-Serama-Küken haben hingegen eine gewissenhafte Mutter, die automatisch dafür sorgt, dass die Küken immer eine perfekte Wohlfühltemperatur unter ihrem Federkleid vorfinden. Eine Serama-Glucke lässt ihre Küken anfangs auch nur so lange zum Fressen aus ihren wärmenden Federn hinaushuschen, wie es diesen gut bekommt. Überhitzung oder Unterkühlung gibt es daher nicht. Klingt absolut einleuchtend und ist für mich selbstverständlich ein weiterer Beweis dafür, dass Naturbrut klasse ist!

Bild 1: Sodahühner können in allen Hühnerfarben auftreten und außerdem in ihrer Größe stark variieren

Bild 2: Die Küken in Sodahuhnpopulationen, die seit vielen Jahrzehnten halbwild leben, zeigen häufig wieder ein ursprünglich anmutendes Tarnkleid.

Sodahühner VON MISCHLINGEN UND ZUFALLSKREUZUNGEN

Siehe Episode 22!

Nicht nur Rassehühner und reine Wildformen können gute Muttertiere abgeben. Sehr gute Glucken finden sich häufig auch in der Welt der Zufallskreuzungen und Mischlinge, welche bei den Hühnern gern als „Sodahühner" bezeichnet werden. Sodahühner deshalb, weil es sich dabei um Hühner handelt, die einfach „so da" sind, ohne zu einer bestimmten Rasse oder Hybridlinie zu gehören.

Wenn Hühner verschiedener Rassen sich über mehrere Generationen hinweg unkontrolliert vermehren und vermischen dürfen, sei es auf Bauernhöfen, in Tiergärten oder auch bei privaten Hühnerhaltern, setzen sich mit der Zeit fast immer jene Tiere durch, die vom Typ her sehr natürlich sind und vom Gesundheitszustand her besonders robust und vital. Eine Art Dedomestikation (Rückgängigmachung der Haustierwerdung) findet statt und diese bringt auch instinktive Verhaltensweisen, wie ein intensives Balzverhalten der Hähne oder einen verstärkten Bruttrieb der Hennen automatisch wieder zum Vorschein. Das ist selbst dann zu beobachten, wenn eine Sodahuhnpopulation von Rassen abstammt, denen der Bruttrieb abhandengekommen ist, oder sogar von Legehybriden aus der Eierindustrie. Schon bei F1-Kreuzungen zweier sehr verschiedener Hochzuchtrassen kann es zuweilen passieren, dass der Nachwuchs überraschend naturbelassen ausfällt, sich wilder

Die Soda-Mischlingsglucke zieht hier zuverlässig die Küken verschiedener Rassetiere auf, wie beispielsweise Holländer Weißhauben.

Bild 1: Einen Abstecher in den Gemüsegarten macht die Kükenschar stets gern gemeinsam mit der Soda-Mama

Bild 2: Diese melierte Soda-Henne ist kerngesund und liegt mit ihrer Größe zwischen Zwerg- und Legehuhn.

Bild 3: Manche Soda-Hennen zeigen einzigartige Farbkompositionen in ihrem Federkleid.

verhält und die beiden Ausgangsrassen sogar noch an Vitalität und Größe übertrifft. Das liegt zum einen am sogenannten „Heterosiseffekt" und zum anderen daran, dass bei Kreuzungen auch schlummernde Gene bzw. versteckte Erbanlagen wieder ausgehebelt werden können und plötzlich zum Vorschein kommen. Wie dem auch sei, Hühner aus Sodahuhnpopulationen sind oft perfekte Glucken und gute Leihmütter für Rasseküken. So mancher Rassezüchter lässt ein paar Sodaglucken bei sich rumlaufen, allein weil diese ihm zuverlässig die Eier einer weniger brutfreudigen Rasse ausbrüten. Manche Sodahuhnpopulationen (ich beobachte selbst seit Jahren einen größeren Bestand in einem österreichischen Tiergarten) bleiben über die Jahre hinweg nur deshalb bestehen, weil sich die Tiere sehr selbstständig fortpflanzen und mit allen Wassern gewaschen sind. Rasselose Hühner können also durchaus interessant sein, und auch wenn dieser Abschnitt nicht mit einem richtigen Rasseporträt gleichzusetzen ist, so denke ich dennoch, dass es wichtig ist, auch auf diese viel zu wenig beachtete Gruppe von Hühnern einmal zu verweisen.

Bild 1: Wegen ihrer Größe und der dichten Befiederung ziehen Sulmtaler-Hennen häufig auch relativ große Kükenscharen erfolgreich auf.

Bild 2: Sulmtaler-Hennen geraten oft erst während ihrer zweiten Legeperiode in Brutlaune.

Bild 3: Diese beiden Küken sind erst drei Tage alt und schon brechen die ersten Federchen an den Schwingen durch

Sulmtaler ALTE HENNEN BRÜTEN BESSER

Siehe Episode 16!

Altes Wissen kann auch heute noch hilfreich sein, und gerade rund um die Themen Glucken, Brüten und Küken finden sich viele wertvolle Weisheiten aus Großmutters Tagen. Schon damals wusste man, dass ältere Hennen im Vergleich zu Junghennen, die sich gerade in ihrer ersten Legeperiode befinden, die besseren Glucken sind. Sie bleiben während der Brutphase zuverlässiger auf dem Nest hocken und kümmern sich auch nach dem Schlüpfen intensiver um die Küken. Man hat daher eine erfahrene Glucke, die sich für das Großziehen der Küken bewährt hat, gern über viele Jahre hinweg auf dem Hof behalten. Die Junghennen vieler alter europäischer Hühnerrassen geraten gar nicht erst in die Gluckigkeit. Wer also ausschließlich Junghennen hält (viele Rassezüchter halten immer nur die einjährige Generation von Alttieren, um den Zuchtfortschritt zu beschleunigen), wird bei gewissen Rassen kaum jemals die Chance haben, überhaupt eine Glucke zu erleben. Die Sulmta-

Auch Zwerg-Sulmtaler können sehr gute Glucken sein. Hier zieht eine Zwerg-Sulmtalerin die Küken verschiedener Rassen groß.

In der ersten Lebenswoche sind alle Sulmtaler-Küken klassisch kükengelb gefärbt.

ler-Hühner sind ein gutes Beispiel dafür. Anfangs sind sie fast wie Legehühner und legen während ihrer ersten Legeperiode mehr als 200 Eier nahezu ohne Pausen. In der zweiten Legeperiode werden einige Sulmtaler-Hennen dann jedoch plötzlich gluckig, und von da an verstärkt sich diese Neigung zum Brüten von Jahr zu Jahr, je länger man die Hennen am Leben lässt. Auf einem Selbstversorger-Bauernhof habe ich einmal fünf alte Sulmtaler-Hennen erleben dürfen, die sogar gleichzeitig in den Legenestern das „Synchronbrüten" ausgeübt haben. Sie gerieten alle im April in Brutlaune und hielten auch alle die gesamten drei Wochen Brutzeit bis zum Schlüpfen der Küken durch. Eine der Hennen hatte 14 Küken, eine andere immerhin zwölf und die anderen drei jeweils um die acht bis zehn Stück. Eine solide Leistung, die sich sehen lassen kann. Sulmtaler-Hennen sind „breit gestellt" und dicht befiedert, wodurch es überhaupt erst möglich ist, dass sie derart viele Küken, wie die Spitzenzahl von 14, ohne Verluste ausbrüten. Von kleineren Hühnerrassen würden sie vielleicht sogar noch mehr Eier ausbrüten, aber von solchen Experimenten möchte ich lieber abraten. Weil Sulmtaler-Hennen dreieinhalb Kilo auf die Waage bringen, können die Küken von zarteren Rassen nämlich leicht von den wuchtigen Hennen erdrückt werden. Sulmtaler sind zwar keine übermäßig zutrauliche Rasse, aber auch keine Wildfänge. Die Hennen neigen wenig zum Fliegen, verhalten sich in der Regel ruhig und sind doch wachsam und ständig auf der Suche nach Fressbarem. Das macht sie zu guten Muttertieren, deren Nachwuchs nicht komplett verwildert und gleichzeitig zur Selbstständigkeit erzogen wird. Aufgrund ihrer Größe wirken Sulmtaler-Glucken in der Regel einschüchternd auf Katzen und Krähen, was ein großer Vorteil ist, wenn sich die kleine Hühnerfamilie frei im Garten oder auf dem Hof bewegen darf. Die rassetypische Farbgebung bei den Sulmtalern nennt sich Gold-Weizenfarbig und ist eine Variante der Wildfarbe. Während der ausgewachsene Hahn bei diesem Farbschlag ebenso prächtig gefärbt ist wie ein wilder Hahn, also mit dunklen, satten Farben, von Schwarz über Kastanienrot bis hin zu Smaragdgrün, wirkt die Henne deutlich aufgehellt. Sie zeigt sich vorwiegend in Goldbraun und Pastelltönen, mit nur wenig Schwarzpigment an den Schwingen und den Schwanzfedern. Diese Kontroverse kommt durch einen genetischen Farbverdünnungsfaktor zustande, der vom männlichen Sexualhormon Testosteron unterdrückt wird und daher nur bei den Hennen wirken kann. Bei den schlupffrischen Küken wirkt die Farbverdünnung zunächst noch auf beide Geschlechter, weshalb alle Sulmtaler-Küken anfangs hellgelb sind. Erst im Lauf der ersten Lebenswochen werden die Hähnchen dann immer dunkler, während die jungen Hennen hell bleiben. Erfahrene Züchter können anhand dieser farblichen Besonderheit schon relativ zeitig die Geschlechter in einer Sulmtaler-Kükenschar unterscheiden.

Am Ende der dritten Lebenswoche erkennt man bei diesem Sulmtaler-Küken bereits, dass es mal eine Henne wird, denn die Hähne färben sich von dem Zeitpunkt an deutlich dunkler aus.

Steinpiperl

URINSTINKTE, DIE AN WILDHÜHNER ERINNERN

Siehe Episode 50!

Steinpiperl, seltener auch als „Steinhendel“ oder „Österreichische Zwerghühner“ bezeichnet, stellen die wohl wildeste österreichische Hühnerrasse dar. Wer auf der Suche nach zahmen Gartenhühnern bzw. ruhigen Glucken für die Naturbrut ist, der wird mit den Steinpiperl-Hühnern nur wenig Freude haben. Dafür ist diese farbenfrohe Zwergrasse aber für all jene eine Überlegung wert, denen ursprüngliche Verhaltensweisen und Natürlichkeit bei einem Huhn besonders am Herzen liegen.

Steinpiperl-Glucken gehören meiner Meinung nach zu den besten Glucken der gesamten Hühnerwelt und können in dieser Hinsicht locker mit den üblicherweise empfohlenen Superglucken, wie Zwerg-Wyandotten und Seidenhühner, mithalten. Ihre stark ausgeprägten Instinkte können aber, je nach Sichtweise, auch so manchen Nachteil mit sich bringen. Während Seidenhennen in der Regel jedes Küken großziehen, ganz gleich, zu welcher Rasse es zählt, sind Steinpiperl-Glucken da komplizierter. Lässt man eine Steinpiperl-Dame die Eier von verschiedenen Rassen gleichzeitig ausbrüten, kann es durchaus sein, dass sie die Küken der kleineren Rassen in den ersten Tagen verstößt oder gar tötet. Sie denkt wohl instinktiv, diese wären schwächer und hätten geringere Überlebenschancen. Auch wenn

Bild 1: Steinpiperl wachsen meist in großen Familienverbänden auf, zu denen auch mehrere Hähne zählen.

Bilder 2 und 3: Wildfarbige Steinpiperl sind heute besonders selten und eine Nachzucht ist daher besonders wünschenswert.

Bild 4: Gezielt hat die Steinpiperl-Glucke ihren Nachwuchs auf den Misthaufen geführt, weil sie weiß, dass es viel zu fressen gibt.

Bild 5: Trotz ihrer geringen Größe – sie wiegen meist weniger als ein Kilo – sind Steinpiperl-Hennen großartige Muttertiere, die ihren Nachwuchs geradezu aggressiv verteidigen.

eine Steinpiperl-Henne Küken ihrer eigenen Rasse ausgebrütet hat, selektiert sie unter Umständen Küken, die ihr schwächlich erscheinen, „beinhart" aus. Das ist natürlich und wurde auch bei wilden Hühnervögeln schon zigfach beobachtet, aber auf zartbesaitete Menschenseelen kann dieses Verhalten dennoch brutal wirken. Selbstverständlich haben die stark ausgeprägten Urinstinkte der Steinpiperl-Muttertiere auch ihre Vorteile für die Küken, so sind die Glucken dieser Rasse immer extrem aufmerksam. Gefahren, wie sich anschleichende Katzen, kreisende Greifvögel am Himmel oder neugierig herumhüpfende Krähen in Baumkronen, werden von Steinpiperl-Glucken zuverlässig wahrgenommen; ebenso reagieren sie auf schnelle Wetterumschwünge und führen ihre Küken gekonnt an ein geschütztes Plätzchen, wenn zum Beispiel ein Sommergewitter aufzieht. Bei direkten Konfrontationen mit anderen Hühnern oder Hähnen scheuen sie den Kampf nicht und jagen im Eifer des Gefechts auch Gegner in die Flucht, die stärker sind als sie selbst. Darum ist es bei ausreichendem Platzangebot häufig auch kein Problem, eine Steinpiperl-Glucke samt Küken zur Hauptgruppe zu lassen. Die anderen Hühner werden sich gewiss nicht öfter als einmal mit der Steinpiperl-Mama oder, besser gesagt, „Mama Bär" anlegen. Matthias Heigl, Österreichs bekanntester Steinpiperl-Züchter, hatte bei einem meiner Besuche im Sommer 2019 mehr als zehn Nachwuchs führende Glucken dieser Rasse auf seinem bunten Hühnerhof frei herumlaufen, zwischen den weitaus größeren Sulmtaler-Hühnern, zahlreichen Hähnen sowie indischen Laufenten, Tauben und Perlhühnern. Rechnet man sie alle zusammen, dann waren dort zu dem Zeitpunkt mehr als 100 Naturbrutküken gleichzeitig unter freiem Himmel unterwegs und durften mit ihren Glucken so natürlich heranwachsen wie nur irgendwie denkbar. Von klein auf lernen sie auf diese Weise auch die Hackordnung kennen; die Widerstandsfähigkeit und Überlebenstüchtigkeit der alten Rasse wird durch diese „Herdenzucht" ebenso automatisch gefördert. Steinpiperl wiegen zwischen 0,8 und 1,2 Kilogramm, zählen zu den Urzwergen und gelten als Relikte des alten europäischen Landhuhns. Wie typisch für alle verbliebenen Landrassen, sind sie in vielen bunten Hühnerfarben bekannt und werden daher optisch nicht so leicht langweilig. Am beliebtesten sind Varianten mit weißen Tupfen und Scheckmustern im Gefieder. Immer seltener werden Exemplare mit wildfarbigem Federkleid, weshalb zukünftige Züchter diesen Varianten das größte Augenmerk schenken sollten. Auf dem Bildmaterial zu dieser Rassevorstellung sind darum bewusst einige schöne wildfarbige Glucken samt Nachwuchs abgebildet.

Wyandotten AMERIKAS BESTE GLUCKEN

Siehe Episode 135!

Wyandotten zählen fraglos zu den bekanntesten Hühnerrassen der Welt und sind seit ihrer Erzüchtung in Nordamerika, Mitte des 19. Jahrhunderts, nie Gefahr gelaufen, unbeliebt zu werden oder gar wieder auszusterben. Es gibt zwei Varianten, die großen Wyandotten, die ca. 2,5 bis 3 Kilogramm auf die Waage bringen, und die niedlichen Zwerg-Wyandotten, die mit 0,8 bis 1 Kilogramm deutlich kleiner ausfallen. Letztere sind inzwischen häufiger bei Züchtern anzutreffen als ihre großen Vettern und auch in der Gartenhühnerhaltung weitaus beliebter. Wenn es um das Thema Naturbrut geht, ist das kein Nachteil, denn obwohl alle Wyandotten für ihre Brutlust bekannt sind, übertrifft der Brutinstinkt der Zwerg-Wyandotten jenen der großen Wyandotten noch mal um so einiges. Fragen mich Leute nach den besten Glucken der Hühnerwelt, nenne ich die Zwerg-Wyandotten gern in einem Atemzug mit den beiden Rassen Steinpiperl und Seidenhuhn, die für mich ebenfalls zu den absoluten Spitzenreitern zählen. Es gibt aber auch deutliche Unterschiede zu diesen beiden, die ich hier aufzeigen möchte. Im direkten Vergleich zu den mit Sondermerkmalen beladenen Seidenhühnern wurde den Zwerg-Wyandotten keinerlei bei der Brut hinderlicher Schnickschnack angezüchtet. Sie haben keine befiederten Läufe, die leicht verschmutzen würden, können ihr Gefieder auch bei schlechten Wetterverhältnissen selbstständig sauber halten und sind nicht wie die Seidenhühner im Besitz von zusätzlichen Zehen, die mit ihren komisch abgewinkelten Krallen kleine Küken beim Hudern verletzen können. Die Zwerg-Wyandotten sind also eine pflegeleichte, unkomplizierte Gluckenalternative für alle, denen Seidenhühner schlichtweg „too much" sind. Vergleicht man die Zwerg-Wyandotten dagegen mit den ebenfalls sehr naturbelassenen Steinpiperl-Glucken, rückt in erster Linie ihr ruhigerer Charakter ins Rampenlicht. Während Küken, die von den lebhaften Steinpiperl-Glucken geführt werden, meist zu regelrechten Wildfängen heranwachsen, sind Zwerg-Wyandotten ruhige und besonnene Muttertiere und beeinflussen auch ihre Schützlinge in diese Richtung. Leider gibt es immer wieder Zwerg-Wyandott-Glucken, die es versäumen, den Nachwuchs gegenüber Raubfeinden zu verteidigen, worin wiederum der große Vorteil der aggressiven Steinpiperl-Glucken zu suchen ist; aber abgesehen von ein paar solchen zu ruhigen und braven Rassevertretern, leisten Zwerg-Wyandotten großartige Arbeit als Muttertiere.

Wyandotten beider Größenordnungen sind weltweit bei Rassezüchtern sehr beliebt, weil sie in so verheißungsvoll klingenden Farbgebungen wie

„Silber-Schwarzgesäumt", „Schwarz-Weißgetupft", „Gelb-Gesperbert", „Weiß-Blaucolumbia", „Rebhuhnfarbig-Gebändert" oder „Goldhalsig" zu finden sind. Wer die bunten Farbschläge nicht so gerne mag, findet auch einfarbige Wyandotten in „Weiß", „Schwarz", „Blau", „Perlgrau", „Rot" oder „Gelb", und somit ist für alle Geschmäcker etwas dabei. Immer wieder werden Zwerg-Wyandotten Anfängern ausschließlich aus dem alleinigen Grund empfohlen, weil sie sehr viele hellbraune Eier legen. Das ist theoretisch richtig, verhält sich aber in der Praxis nur selten so, weil die Zwerg-Wyandotten mehrmals im Jahr in Brutlaune geraten und dann jedes Mal, wenn sie auf einem vollen Nest sitzen, wieder mit dem Eierlegen aufhören. Auch eine Henne, die Küken führt, legt für viele Wochen keine Eier. Die 180 bis 220 Eier im ersten Lebensjahr werden also tatsächlich nur von Einzeltieren erreicht, die entweder aus irgendeinem Grund nie brütig geworden sind oder bei denen der Halter immer rechtzeitig, bevor der Legefluss abreißen konnte, für eine schonende „Entgluckung" gesorgt hat. Ich möchte daher eher die langfristige Legeleistung der Zwerg-Wyandotten hervorheben. Selbst im vierten Lebensjahr legen viele Zwerg-Wyandott-Hennen noch über 120 Eier und sind damit prima geeignet für alle, die ein nachhaltig nutzbares Gartenhuhn suchen, das nebenbei auch noch super Mutterqualitäten zu bieten hat.

Bild 1: Mein persönliches Lieblingsgluckenfoto zeigt drei Zwerg-Wyandotten, die im Sommer 2016 gemeinsam eine große Kükenschar aufzogen. So etwas ist mir seither nie wieder begegnet.

Bild 2: Eine gesäumte Zwerg-Wyandotte spielt hier die perfekte Leihmutter für eine Kükenschar wildbrauner Altsteirer.

Bild 3: So sehen die Küken gesäumter Zwerg-Wyandotten an ihrem zweiten Lebenstag aus.

Bild 4: Von seiner gelben Zwerg-Wyandott-Mama wird das weiße Küken gut beschützt.

Das Hobby „Huhn" hat mir im Laufe der Jahre viele Freundschaften beschert. Hier ist Serama-Züchter Manfred Pfeifenberger mit seinen beiden Söhnen zu sehen, die auch bereits große Hühnerfans sind.

Tierpflegerin Verena Raffl ist Happy Huhn-Zuschauern ohnehin ein Begriff, weil sie mittlerweile in mehr als zehn Folgen mitgewirkt hat.

DANKE.

Für die Bebilderung dieses Buches habe ich nicht nur meine eigenen Küken fotografiert, sondern durfte auch den Hühnernachwuchs zahlreicher anderer Züchter und Hobbyhalter ablichten. Ich danke daher an erster Stelle all jenen Hühnerfreunden, deren Küken mir dabei geholfen haben, dieses Buch mit einer Überdosis an Niedlichkeit zu versehen.

Den größten Einfluss hatten dabei Christian Schneider, Verena Raffl und Matthias Heigl, denen der größte Dank gelten soll. Eine Niedlichkeits-Überdosis allein reicht aber selbstverständlich nicht aus, um ein gutes Kükenbuch zu schaffen, man braucht auch Fachwissen. Viele Züchter haben im Lauf der Jahre ihre Erfahrungen bereitwillig mit mir geteilt, und so konnte ich auch Informationen aus unzähligen angeregten Diskussionen einfließen lassen. Diese vielen persönlichen Erfahrungen tragen ihren Teil dazu bei, dass die Informationen in diesem Buch sehr praxisnah ausfallen konnten.

Meine liebsten Gesprächspartner zum Fachsimpeln über Hühnerthemen sind Marco Goymann, Johannes Janus und Manfred Pfeifenberger. Vielen Dank ihr drei und bleibt bitte so hühnerbegeistert, wie ich euch kenne!

Da ich für meine YouTube-Videos zu den Themen „Hühnerhaltung" und „Gefährdete Haustierrassen" viel unterwegs bin, häufig auch im Ausland, muss ich meine private Hühnerherde leider immer wieder vernachlässigen. Nur die Unterstützung von Familie und Nachbarn macht es mir möglich, selbst „happy Hühner" zu halten und dennoch durch die Weltgeschichte reisen zu können. Der abschließende Dank soll daher an Ulli, Traudi, Daniel, Josef und Andi gehen, die meine Hühner inzwischen alle sehr lieb gewonnen haben und deren Hilfe Gold wert ist!

Auch für den dritten Teil der „Happy-Huhn-Trilogie" leisteten Brigitte, Gerlinde, Barbara, Martina und Angelika von CADMOS wieder großartige Arbeit. Sie haben als Team schon die ersten beiden Bücher mit mir zum Leben erweckt.

Robert Höck, im Februar 2020

> Die Fähigkeit, schöne Dinge wahrnehmen zu können, ist eines der größten Geschenke, die die Evolution uns Menschen gegeben hat. Wir sehen Farben, nehmen Düfte wahr und sind fasziniert von anderen Lebewesen. Es ist daher unsere Pflicht, dass wir uns zwischendurch immer wieder etwas Zeit nehmen, um all die vielen Wunder des Lebens gebührend zu bestaunen. R. Höck